ZIYUANLEI QIYE
JIYU CHUANGXIN
NENGLI DE YEJI
YOUHUA LUJING
YANJIU

资源类企业

基于创新能力的业绩优化路径研究

张坤 著

北京理工大学出版社
BEIJING INSTITUTE OF TECHNOLOGY PRESS

图书在版编目(CIP)数据

资源类企业基于创新能力的业绩优化路径研究 / 张坤著 . —北京：北京理工大学出版社，2020.12

ISBN 978-7-5682-9369-3

Ⅰ.①资… Ⅱ.①张… Ⅲ.①矿产资源－工业企业－企业环境管理－研究－江西　Ⅳ.①X322.256

中国版本图书馆 CIP 数据核字(2020)第 257511 号

出版发行 / 北京理工大学出版社有限责任公司
社　　址 / 北京市海淀区中关村南大街 5 号
邮　　编 / 100081
电　　话 / (010)68914775(总编室)
　　　　　　(010)82562903(教材售后服务热线)
　　　　　　(010)68948351(其他图书服务热线)
网　　址 / http://www.bitpress.com.cn
经　　销 / 全国各地新华书店
印　　刷 / 保定市中画美凯印刷有限公司
开　　本 / 710 毫米×1000 毫米　1/16
印　　张 / 8.75
字　　数 / 135 千字
版　　次 / 2020 年 12 月第 1 版　2020 年 12 月第 1 次印刷
定　　价 / 49.00 元

责任编辑 / 梁铜华
文案编辑 / 杜　枝
责任校对 / 刘亚男
责任印制 / 李志强

前　言

对于资源类企业而言，创新能力对其经营业绩至关重要。创新能力的强弱关系到资源类企业能否走向成功，以及如何走向成功的问题。因此，对于江西省资源类企业而言，探索其创新能力与其企业业绩之间的关系具有重要意义。

在对资源类企业进行业绩考核的过程中，业绩评级能够揭示出其管理效率和资源配置效率。业绩评价的结果能够为企业更好地进行行业定位及更加科学地进行目标导向提供相应的依据。业绩评价路径主要涵盖评价主体、客体、目标、标准、绩效报告和薪酬等几个方面，对于帮助资源类企业加快创新步伐、改善生产运营效率、完成预定目标起着至关重要的作用。基于业绩评价和创新能力对企业业绩的影响，建立资源类企业业绩优化路径能够深化我国资源类企业可持续发展的理念，从而对资源型企业走正确的、可持续发展的道路起到推动作用。鼓励资源型企业保护资源、承担并履行环境责任，可以使企业目标致力于社会效益的提升，期望达到企业收益和社会效益的双面丰收。

本书针对江西省资源类企业的发展现状从多个方面进行了总结。江西矿产资源丰富，有相对集中的自然赋存条件。截至 2015 年年底，全省共有矿山 5 237 个（不含部发证的 X 个铀矿），采矿证总面积 3 054.56 平方千米，占全省总面积的 1.83%。矿产品深加工业已经成为江西矿业产值实现的主要形式，更是江西矿业加快发展最需要强化、最可能做大的部分。从资源类企业就业人数来看，约占其从事工业总人数的 1/3，其在本省的发展规模之大可见一斑。以专利的角度来衡量其创新现状，可窥探出近年来江西省资源类企业愈加重视其企业的创新能力，但相较于资源型城市（如重庆）而言，还存在很大的进步空间。近年来，江西省的资源类企业更加注重高学历及高技术水平人才的引进，员工的受教育程度越来越高，但是由于资源类企业在早期的忽视和自身的限制，导致江西省资源类企业人才结构依旧不够完善。虽然江西省的资源类企业近年来在环保方面取到了明显的进步，但是鉴于资源类企业从资源开采到提炼，再到产品加工，不仅工程量大，而且对环境的破坏力极强，企业也由于资金问题的限制而无法大范围进行绿色生产，因此相应的环境保护问题依旧存在。

本书对江西省资源类企业的发展战略现状展开了研究，从政府制定的战略和企业制定的战略来展开描述。政府所倡导战略的主要内容包括要素整合战略和龙头企业带动战略，企业自身制定的战略有转型升级战略、技术创新战略和"走出去"战略等。纵观各个维度对江西省资源类企业发展现状的研究，不难看出，江西省资源类企业目前还存在资源利用率低、科技水平不高、人才流失严重、监管机制不健全、综合效益差等发展困境。

本书对江西省资源类企业的业绩也进行了综合的评价。鉴于江西省资源类企业众多，结合数据的可获得性以及企业的代表性，本书甄选了江西铜业、赣锋锂业、方大特钢、新钢股份四家已上市的资源类企业。结合现有的绩效评价方法，本书认为经济增加值（EVA）评价体系相较于传统的业绩评价体系而言，考虑了企业的全部资本成本，杜绝数据失真带来的影响，着眼于企业长远发展，故采用经济增加值绩效评价体系来衡量江西省资源类企业的业绩。从计算结果来看，四家企业在2010—2018年，经济增加值绝大部分年间都远大于零。据此可以得出结论：江西省资源类企业存在着较为可观的发展前景。

本书还对江西省资源类企业的环境绩效进行了评价。本着科学性、可操作性、成长效益、定性与定量相结合等原则进行评价指标的选取，再综合诸多学者的研究，采用平衡计分卡的相关理论设计环境绩效的评价体系。为了将各大企业的环境绩效进行标准化，从而达到可比较的目的，本书还采用了熵值法对环境绩效的指标数据进行处理，计算整理出了2012—2018年间江西四大具有代表性的资源类企业的环境绩效状况。从环境绩效的综合得分来看，四大企业的发展情况参差不齐。为了更加全面地评价江西省资源类企业的环境绩效，本书选取了三家环保方面做得较好的标杆资源类企业并对其进行了环境绩效评价。从江西省资源类企业与所选标杆企业的对比结果来看，环境绩效方面仍然存在很大需要提高的空间。如何加强环保、坚持绿色发展和可持续发展，是江西省资源类企业亟待解决的问题。

为探讨创新能力与企业业绩的关系，本书对创新能力进行了界定。根据创新能力理论的发展，本书拟将创新能力分为管理创新能力、技术创新能力、制度创新能力和文化创新能力，创新能力与企业的经营业绩之间也都存在紧密的联系。本书从理论和实证的角度加以分析，并结合专家学者的观点，对二者之间的关系进行了探讨和总结，得出了创新能力普遍对企业业绩产生正向作用的结论。为了阐明江西省资源类企业创新能力与企业业绩之间的关系，本书对此展开了实证研究，所选取的研究对象仍为江西省资源类企业中具有行业代表性的企业，即江西铜业、赣锋锂业、章源钨业、方大特钢和新钢股份这五家公司。解释变量为创新能力的各个部分，再结合之前学者的研究，对解释变量分别选取指标。被解释变量为企业业绩，又将其分为每股收益、净资产收益率和经济增加值。为了明晰各变量之间的函数关系，本书采用数据的无量纲化进行标准化处理，再使用熵值法确定指标权重。得到各指标的标准化数值后，对其进行了双变量相关分析和面板数据分析。经过相关性分析和面板分析可知，江西省资源类企业的创新能力与其企业业绩之间普遍存在正向相关的关联，而二者相关关系的主导原因是存在管理创新能力。

鉴于此，本书开始着笔于资源类企业的业绩优化研究。首先，是对平衡计分卡理论的产生和发展进行论述，平衡计分卡理论主要包括财务、客户、内部业务流程、学习与成长四个方面的内容。平衡计分卡从企业的使命和愿景入手，确定企业的战略目标，探讨达成企业战略的各个维度，为各个维度设置具体的目标，并为每个目标设定相应的指标体系和行动方案，从而建立起一个全面、系统、平衡的绩效评价体系，然后，对平衡计分卡的"平衡"理念和应用实践展开了叙述。经过研究可知平衡计分卡运用广泛，涉及不同国家、不同行业，无论是国外企业还是国内企业，运用平衡计分卡后，其企业的战略执行层面和最终绩效层面都取得了显著的提升。本书是对江西省资源类企业基于创新能力的业绩优化研究的。基于此点，本书甄选了两个实施平衡计分卡的资源类企业的典型案例——美孚石油北美区营销炼油事业部、滨海能源发展股份有限公司的案例，对其进行剖析。通过对两则案例的细致分析，本书在对于江西省资源类企业进行业绩优化方面得到了些许启示。本书针对江西省资源类企业，创立了平衡计分卡运用的第五维度，即资源与环境维度，利用平衡计分卡管理工具撬动企业管理变革，实现企业的转型升级。

综合之前的研究，本书对从战略目标管理、财务创新、客户关系管理、内部业务流程创新、学习与成长创新和资源与环境维度创新六维度进行实施业绩优化给出了一些粗浅的建议。本书认为，江西省资源类企业迫切需要在管理上进行系统再造，采用更加全面、科学、系统的管理方法，根据提升企业竞争力的实际需求出发，制定新的企业发展战略，应当树立绿色可持续发展战略目标并以此来指导企业发展生产。从财务方面来说，需延伸产业链，拓宽收入渠道，开启企业全价值链成本管理等。从客户方面来说，应当完备矿产资源类产品组合系列，令企业能够全面地对接不同客户、不同层次的需求。这样做，既能建立稳定的客户基础，同时，也将会增加公司的抗风险能力。关于内部流程方面的业绩优化，江西省资源类企业应借鉴平衡计分卡内部业务流程基于内部生产价值链的流程来进行划分，可将其划分为管理、创新、经营、环保四个流程，并从这四个流程着手进行业绩优化分析。从学习与成长方面来说，需要营造创新型的企业文化，改善招纳人才的相应政策。资源类企业应着重考虑其生产运营过程对于其周边生态环境所带来的影响，把环境价值考虑在经营活动之中，在尽可能减少环境污染，坚持绿色发展、可持续发展理念的基础上实现最合理的利润，最终实现经济效益、社会效益和环境效益三方面的统一。

在本书的编写过程中，李珂、缪宇豪、储子钧在资料收集、整理方面做了大量的工作，在此表示衷心的感谢！

目　录

第 一 章

江西省资源类企业发展现状

第一节　资源现状

江西省拥有十分丰富的矿产资源，"七朵金花"（指江西省在国内外享有盛誉的铜、钨、铀、重稀土、金、银和钽7种矿产）、"稀土之乡"（指江西省在世界新材料领域具有重大影响的重稀土资源）、"世界钨都"（指江西省的储量和产量在全世界都具有举足轻重地位的钨矿）等美誉享誉全国。截至目前，保有资源储量居全国第一位的有铜、金、银、钽等13种；居全国第二位的有钨、钪等8种；居全国第三位的有硅灰石等5种。这些矿产都是对我国十分重要的，非常具有战略价值的，应用范围广泛的，但同时又十分稀缺的金属和稀有稀土金属矿种，

江西省的矿产资源自然储存比较集中，如江西省北部地区以铜、钨等资源为主；西部地区以钽、煤、铁等资源为主；南部地区以钨、重稀土等资源为主；东部地区以铜、金、银、锌等资源为主。矿产资源储存相对集中有利于矿产资源的开采、运输和利用，有利于矿业的大规模发展，形成产业集聚现象，有利于打造相关产业链。由于矿产资源的分布特点，江西省已在东西南北四个地区相应发展了一定规模和数量的矿山企业，甚至出现萍乡等由于矿产资源的开发而发展起来的城市。

截至2009年年底，江西省发现各种有用矿产187种（以亚矿种计，以

下同），矿产地5 000余处，查明有资源储量的133种。其中，能源矿产有煤、石煤、地热、铀、钍5种，黑色金属矿产有铁、锰、钛、钒4种，有色金属矿产有铜、铅、锌、铝、镁、镍、钴、钨、锡、铋、钼、锑12种，贵金属矿产有金、银2种，稀有稀土金属矿产有钽、铌、铍、锂、稀土、铷、铯等29种，非金属矿产有萤石、硫、磷、岩盐、水泥用灰岩、滑石、硅灰石、石膏、高岭土、膨润土、透闪石等79种，水气矿产有矿泉水、地下水2种。

■ 第二节 资源类企业发展常规数据面貌

（一）矿山开发现状

截至2015年年底，全省共有矿山5 237个（不含部发证的X个铀矿），采矿证总面积3 054.56平方千米，占全省面积的1.83%。其中共有大型矿山75个，中型矿山388个，小型矿山3 110个，小矿1 664个；部发证矿山10个，省发证矿山978个，市发证矿山917个，县发证矿山3 332个。

江西省矿山企业主要分为三大类：采掘矿山企业、采选矿山企业和采选冶炼矿山企业。截至2015年，江西省共有5 185个矿山企业。其中，采掘矿山企业（主要开采矿种为碳和非金属矿）总共4 741个，占全省矿山企业的91.45%，共采出各类矿石19 376.66万吨，产值260.67亿元；采选矿石企业（主要开采矿种为有色金属、贵金属等）共388个，占全省矿山的7.5%，共采出各类矿石7 509万吨，产值725.48亿元；采选冶炼矿山企业（主要开采矿种为重稀土）共56个，占全省矿山的1.05%，共采出各类矿石628.26万吨，产值7.81亿元。

（二）矿山延伸产业冶炼、加工业现状

2015年，江西省矿产品加工、冶炼企业的主要经济指标比2010年有大幅度增长。截至2015年年底，全省规模以上矿产品加工、冶炼企业约2 400家，矿山延伸产业总产值11 440亿元，占全省工业总产值的39.73%；矿山延伸产业增加值2 457亿元，占全省工业增加值的35.97%，利税总额1 257亿元，占全省利税总额的37.43%。矿山延伸产业已经成为江西省矿业产值实现的主要形式之一。

（三）江西省资源类企业资产规模

截至2013年年底，煤炭开采和洗选业资产总计280亿元，石油和天然

气开采业资产总计 0.3 亿元，黑色金属矿采选业资产总计 96.6 亿元，有色金属矿采选业资产总计 396.2 亿元，非金属矿采选业资产总计 245.4 亿元，开采辅助活动资产总计 6.2 亿元，其他采矿业资产总计 20.6 亿元，非金属矿物制品业资产总计 21 383.5 亿元，黑色金属冶炼和压延加工业资产总计 824.8 亿元，有色金属冶炼和压延加工业资产总计 2 514.6 亿元，金属制品业资产总计 341 亿元。

（四）江西省资源类企业就业概况

2013 年年底，全省共有工业从业人员 391.0 万人，其中，资源类企业从业人数 106.7 万人，占工业总从业人数的 27.29%，将近 1/3，为江西省提供了大量的就业岗位。

其中，煤炭开采和洗选业就业人数 12.2 万人，黑色金属矿采选业就业人数 2.4 万人，有色金属矿采选业就业人数 5.4 万人，非金属矿采选业就业人数 6 万人，开采辅助活动就业人数 0.3 万人，其他采矿业就业人数 4.4 万人，非金属矿物制品业就业人数 42.5 万人，黑色金属冶炼和压延加工业就业人数 7.9 万人，有色金属冶炼和压延加工业就业人数 16.5 万人，金属制品业就业人数 9.1 万人等。

（五）江西省资源类企业创新现状

专利申请和拥有量是衡量一个行业创新能力的重要指标之一。近年来，江西省资源类企业开始注重创新能力的发展，加大了科研投入力度，专利的受理量和授权量也在逐年增加，但相比其他同行业仍有很大的不足，下面将江西省资源类企业近 10 年的专利受理量和授权量与重庆市资源类企业近 10 年的专利受理量和授权量进行了比较分析，其结果如表 1-1 所示。

表 1-1　江西省资源类企业 2008—2017 年专利受理量和授权量情况　　　单位：件

年份	2008	2009	2010	2011	2012	2013	2014	2015	2016	2017
受理量	960	1 549	2 375	4 066	5 317	7 480	12 180	18 197	30 119	37 185
授权量	695	953	1 539	2 264	3 242	4 286	6 350	12 671	17 805	17 833

从表 1-1 可以看出江西省资源类企业专利受理量在逐年快速上升，尤其是 2016 年和 2017 年，专利受理量激增，说明省内资源类企业近年来越来越重视发明专利，注重企业的创新。但从授权量来看，省内资源类企业真正有效的授权的专利只占各年份专利申请量的一半左右，剩下一半左右

的专利都是无效专利。

同样是资源型省市，重庆市土地面积只有江西省土地面积的1/2，资源的种类和数量也不如江西省丰富，但从表1-1和表1-2的对比可以看出，无论是专利受理量还是专利授权量，重庆市都远远多于江西省。可以看出，尽管江西省的资源类企业开始重视专利发明和技术创新，但其发展程度和重视程度依旧远远不够。江西省资源类企业缺乏足够的创新能力来推动专利的发明和技术的创新。

表1-2　重庆市资源类企业2008—2017年专利受理量和授权量情况　　单位：件

年份	2008	2009	2010	2011	2012	2013	2014	2015	2016	2017
受理量	4 086	6 886	8 094	12 689	16 642	27 589	40 039	61 785	38 364	44 266
授权量	2 468	4 227	6 517	7 653	10 043	13 297	17 330	27 793	31 991	24 973

（六）江西省资源类企业人才结构现状

近年来，江西省实行人才引进政策，为资源类企业创造了良好的人才环境，各大资源类企业纷纷引进高学历高技术水平人员，员工的受教育程度越来越高，但江西省资源类企业人才结构依旧不够完善。表1-3～表1-5举例了三个大型资源类上市公司的员工受教育程度变化情况。

表1-3　江西铜业2010—2018年员工教育程度变化表　　数量：人

年份＼学历	2010	2011	2012	2013	2014	2015	2016	2017	2018
大专及以上	7 222	6 125	6 510	6 838	6 973	6 985	7 390	7 601	7 656
中专及高中	12 174	9 990	10 086	9 877	9 289	9 043	8 883	7 741	7 336
初中及以下	8 483	6 385	6 000	5 711	5 104	4 845	5 216	5 538	4 719

表1-4　赣锋锂业2010—2018年员工教育程度变化表　　数量：人

年份＼学历	2010	2011	2012	2013	2014	2015	2016	2017	2018
本科及以上	94	104	150	150	160	250	269	355	578
专科	53	64	90	91	113	282	305	606	622
专科以下	603	756	649	873	1 158	2 151	2 080	2 366	3 397

表 1-5　新钢股份 2010—2017 年员工教育程度变化表　　　数量：人

年份 学历	2010	2011	2012	2013	2014	2015	2016	2017
研究生及以上	66	102	108	131	147	197	203	205
本科	2 531	2 669	2 815	2 378	2 811	3 015	3 119	3 219
大专	8 017	8 107	7 629	6 103	6 203	6 239	6 203	6 281
中专及以下	17 448	15 814	15 441	12 903	11 487	10 015	9 838	8 962

上述三家企业是江西省资源类企业大型上市公司，是江西省资源类企业中的佼佼者，从表 1-3～表 1-5 可以看出，近 10 年来，虽然举例的三家企业本科以上学历的员工在逐年增加，但是增长速度较慢，人数依旧较少，仅占整个企业员工的少部分，低学历员工占企业全部员工的 2/3 以上。知识是创新的前提，理论上，学历越高的员工拥有的知识越丰富，越能开发自身的创新能力。若企业拥有的高学历员工太少，则会制约整个企业的创新发展。以上三家大型资源类上市公司情况都如此，不难想象，全省其他中小型资源类企业的员工素质和创新能力更加不乐观。

（七）江西省资源类企业环境保护

江西省资源类企业近几年在环境保护方面取得了一些进步，如江西铜业在"十二五"期间共投入 56 亿元，建成各类环保装置 400 余台（套），其中大型废水处理站 9 座，每年环保运行费用超过 16 亿元。其所属生产单位环保处理系统全面建成，所有监测指标均在国家标准之内，同时，实现余热发电、工业水循环、废石堆浸、废水提铜、废渣选铜（每年从废水中回收 1 000 多吨金属铜，且每天净化处理废水 20 000 多吨，充分利用冶炼废渣中资源，回收有价元素等循环经济）。江西铜业也因此在 2014 年成为国内首个国家级绿色矿山单位。

但是，鉴于资源类企业从资源开采到提炼再到产品加工，工程量大，属于对环境破坏力极强的企业类型之一，因此，环境问题也成为江西省资源类企业发展中必须注意的重点之一。由于早期的盲目开采，对环境保护的意识不强，再加上大部分企业生产技术落后，仅仅是从事资源开采和粗加工，企业也因为资金问题无法大量投入资金进行绿色生产，破坏环境的生产方式依旧存在。

截至 2015 年年底，江西省全省矿山开发等累计占用及损坏土地约71 072公顷，其中历史遗留矿山累计占用及损坏面积21 230公顷；废石堆存量 23.77 亿吨，尾矿存放量 13.34 亿吨。采矿活动中难免对矿区地下水造成一定程度的影响，这又是一个突出的环境问题。例如，萍乡、乐平等地因采矿的排水问题导致地下水大面积下降，水位将长期无法恢复正常，导致矿区周边的地下水干枯，甚至影响矿区周边村民的正常生活用水需求。

据环保局 2017 年数据所示，江西省鑫盛钨业有限公司、萍乡萍钢安源钢铁有限公司等企业 2017 年废气水排放量严重超标。其中，江西省鑫盛钨业有限公司污水化学需氧量的排放高达标准的 1.2 倍以上；江西新威动力能源科技有限公司总磷排放超标 1.5 倍，总氮排放超标 0.6 倍等，对当地环境的影响极大。由此看来，江西省资源类企业环境保护现状依旧不乐观。

第三节　江西省资源类企业发展战略现状

一、政府制定的战略

1. 要素整合战略

2008 年 4 月 29 日，江西省政府举办了"矿产资源整合年"大会（以下简称"大会"）。大会中指出，要推进全省深入贯彻落实科学发展观，对矿产资源要利用、保护、整合好，提升全省矿产资源开发利用的规模化、科学化等水平，致力于构造新型矿产经济。

大会中指出，江西省的矿产资源整合要遵循"政府引导、市场运作、规范管理、有序推进"的原则，依托矿产资源，结合各方努力，向经济效益领先、生产规模较大、科技水平更高、环境污染较小的矿山企业倾斜，为它们提供有限的矿产资源，同时，要注意矿产资源的配置优化，提高矿产资源的开发利用率，逐渐摒弃矿产产品的初加工，转向矿产产品的精加工、深加工，提高产品价值，还要优化产业结构，推行新的管理体制和方式，从而形成有江西特色的矿业产业体系。

首先，对于政府来说，江西省政府应优化产业集群结构，向服务型政府转型，为产业发展提供各项相应的服务。第一，完善产业集群。江西省目前已经有一些集群基础，但相比其他一二线城市来说，产业集群不够完善，因此，政府应该引导松散的产业集群，努力促成产业集群化，构建与互联网相连的行业组织模式，与市场导向行为相互作用。第二，优化集群内的服务。政府以及相关机构应该及时给各个企业提供相关的信息，组织集群内的企业进行沟通，在有必要的情况下给需要政府扶持的企业一定的政策和财政支持。

其次，从企业的角度来看，各企业应提高整合能力，加强与集群内外企业的合作。积极配合集群外企业，相互学习、相互借鉴，从而实现互利互赢。

最后，从产品的角度来看，江西省矿产产品普遍仍旧属于低加工产品，给企业带来的经济效益有限，因此，政府和行业协会等机构必须发挥自身的引导作用，加强技术培训，促进中小型企业和大型企业的技术交流，从而带动中小型企业的技术升级，共同发展进步，从而实现构建拥有高新技术、节能减排和可持续发展的产业集群。

2. 龙头企业带动战略

2010 年 5 月 12 日，江西省人民政府印发的《江西工业三年强攻规划纲要》中提到：实施一批重大工业项目，培育一批年主营业务收入超过千亿元的优势企业，壮大一批龙头企业。充分发挥核心企业在工业经济中的主导作用。江西铜业、江钨集团等企业均位列其中。根据政府指示，其他资源类企业向上述企业学习，加强交流合作。上述企业也要积极做好"领头羊"作用，带动省内其他资源类企业的发展。

二、企业自身制定的战略

1. 转型升级战略

转型和升级不仅是必要的，而且也正处于恰当的时机。随着世界经济环境的变化，国内的经济增速逐渐慢了下来。传统企业的生存和发展也被材料和劳动力等成本的增加、资源和环境约束程度的加深而影响。为了解决这些问题，企业必须改变经济增长方式，加快转型升级的步伐。应该加快开发技术含量高的产品，加快转型升级，提高产业集中度，优化产业结构，合理使用政策。

江西省大型资源类企业纷纷开启转型升级之路，不再注重单一的资源采选生产加工，开始往各个行业和领域迈步。像江西铜业、江钨集团等企业，都把产业延伸到了金融、物流、旅游等各个领域。

2. 技术创新战略

技术创新是促使经济发展的内在动力之一。既决定了经济增长的质量和效率，也决定了企业的发展规模、水平和速度。自主创新能力欠缺，科研投入不足，科技创新能力不足，仍然制约着经济的增长。为了比竞争对手更具竞争力，有必要进行创新。创新包括新产品和新工艺的开发，技术资源的整合和研发模式的转变。中国的技术创新目前主要通过模仿和引进欧美发达国家的先进技术来实现自身的技术进步，但这种技术创新不仅难以超越技术，而且也受制于人。

必须摆脱缺乏技术创新对企业的制约，全面实施技术创新战略，要加强自主创新意识的培育，加大自主创新投入。鼓励和支持发展技术创新，设立专项资金支持自主创新，建立各类研发机构，推进设备水平和整体技术的发展，迅速跟进国外涌现的各种功能材料和成熟的应用技术。

例如，江西铜业提出了技术进步促进产业升级总战略加强技术创新，加大研究开发的投入力度，优化产业结构，同时，改进企业管理方法，做到有所为有所不为。为了实现这一技术进步战略，江西铜业把企业的物质资源和高等院校、科研所等的智力资源结合进行技术创新。同时加强与国际的交流与合作，向国际相关行业大公司进行技术交流，并将所学到的技术转化为生产力，从而提高经济效益，然后投入更多的资金来提高技术水平，实现良性的循环。

3. "走出去"战略

对于资源类企业而言，自然资源的稀缺性和不可再生性成为制约其发展的最关键瓶颈。目前，国家对资源监管越来越严格，国内资源的供给将越来越少，单单依靠国内资源来促进生产发展是不够的，应转向大量国外进口。很多企业在资源产品初级生产领域，拥有具有领先水平的技术，因此，采用"走出去"战略，与国外资源地合作，可以利用国内技术换取国外资源。这不仅有利于保护中国的资源，也有利于缓解我们的生产压力，增加海外投资权。

江西省各大资源类企业纷纷实行"走出去"战略，加强国际交流，开展境外业务。如江西铜业分别在美国、秘鲁、阿尔巴尼亚、阿富汗、新加坡设立子公司或者购买当地矿场，不仅能够发展境外业务，还能减少国内资源负担，促进自身发展。

虽然政府和各大型企业制定和实施了各种战略，企图推进整个江西省资源类企业的共同发展，但江西省中小型资源类企业依旧面临着发展不平衡、高技术人才不足、经营状况不好等问题，同时，由于大环境的资源日渐枯竭，再加上没有足够的人力、物力和财力制定实施相关战略，因此中小型资源类企业还是很难得到充分发展。江西省资源类企业迫切需要与大多数企业发展相适应的战略和道路。

第四节　江西省资源类企业发展困境

江西省资源类企业在发展的同时，也面临一系列的问题：

（一）资源利用率低，掠夺性盲目开采的现象仍然存在，生态环境污染严重

资源的开发和利用将不可避免地占用和破坏土地，包括采矿场对土地的破坏，废渣堆对土地的破坏，地面塌陷对土地的破坏以及垃圾场的建设、采矿区的道路和工厂厂房的建设占用和破坏了土地。除地面塌陷外，其他方式在对土地破坏的同时，也破坏了地表植被。开采资源时只选取有利用价值的少数部分资源，大部分无用的资源随意丢弃，遗留大量废石废渣的同时，还会产生大量废水，而对于废水的处理全省大多数矿山依旧采用自然沉淀过滤或石灰中和等简单的措施，处理后的废水根本达不到相关标准。由于废水排放动态变化大，处理效果总体较差，因此这些废水一般直接排放于地表水体中。污染土地、挖空山体而引发的泥石流和地面塌陷也是生态环境遭到破坏的表现。

（二）科技水平不高，企业缺乏核心技术

除少数大企业外，多数中小型资源类企业依旧在生产初级产品，档次低、技术含量不高、价格低廉，而高端产品却需要进口或向其他企业重金购买，企业自主创新能力差；深度加工和应用产品研发方面的投资严重短缺，导致企业缺乏相关技术，缺少高薪技术人员，创新能力较弱，生产水平较为低下，矿产产品多处于初加工阶段，缺少附加值高、市场竞争力强的高端产品。

（三）人才流失严重，人力资本积累较少

领导人才和创新型人才短缺，高素质人才严重短缺，人才结构和分配不合理，人才制度和机制不够健全。从现在看来，各大企业的从业人员文化水平偏低、素质低下，生产技术水平跟不上时代的步伐。近年来，江西省的经济发展虽然稳健，但依旧不尽如人意，对高素质人才吸引力依旧不够，不但省外的高级技术人才对江西省望而却步，连本地人才也大量外

流，因此资源类企业很难招募到经验丰富的管理人员和技术水平高的员工。

（四）产业结构与布局不合理

江西省资源类企业以铜和稀土为主，此外还有铁、水泥灰岩、钨、煤炭等，但是江西省在矿产资源开发中还存在某些矿种开发较好、某些矿种开发不足的问题，结构上不尽合理，将影响矿山经济的发展速度。矿业产业的布局受到区域性矿产资源分布特点的约束，具有明显的区域特征，在一定程度上制约了江西省矿山经济的均衡发展。

第 二 章

江西省资源类企业业绩评价

上市公司是指资产规模较大、收入较为稳定的公司，一般为一个行业的佼佼者，因此本文以四家江西省资源类上市公司（江西铜业、赣锋锂业、方大特钢、新钢股份）为例，通过对这四家上市公司的业绩进行评价，了解江西省资源类企业的业绩状况。

第一节　上市公司简介

一、江西铜业简介

江西铜业股份有限公司（以下简称"江西铜业"）是由江西铜业集团公司与香港国际铜业（中国）有限公司、深圳宝恒（集团）股份有限公司、江西鑫新实业股份有限公司及湖北三鑫金铜股份有限公司共同发起设立的股份有限公司。该公司于1997年6月发行境外上市外资股并在香港联合交易所和伦敦股票交易所同时上市。2017年9月，中国制造企业协会发布《2017中国制造企业500强》排行榜，江西铜业排名第31位。2018年7月10日，江西铜业在财富中文网发布的2018年《财富》中国500强榜单中排名第41位。

该公司主要进行铜、金、银、铅锌、钼等矿产资源的勘查、开采、冶炼、加工及相关有色金属产品的生产、销售，并从事矿山开采、冶炼设备的制造安装、技术开发、技术服务，经营来料加工、对外贸易和转口贸易。

近年来，江西铜业一直走在节能减排的前沿位置，在废品回收再利用方面以及生产过程中的工艺革新和技术创新方面一直表现十分出色。自国家实施节能减排政策以来，江西铜业一直在披露社会责任信息，披露的信息包括公司治理、社会服务、三废的利用、生产安全和企业文化等方面。

二、赣锋锂业简介

赣锋锂业公司（以下简称"赣锋锂业"）长期致力于深加工锂产品的研发和生产，综合实力位列国内深加工锂产品领域第一。其主要产品包括金属锂（工业级、电池级）、碳酸锂（电池级）、氯化锂（工业级、催化剂级）、丁基锂、氟化锂（工业级、电池级）等20余种。多项细分产品市场上处于国内领先地位，电池级金属锂和电池级碳酸锂的销量居国内领先行列。赣锋锂业是国内锂行业中唯一一个实现全产品链竞争的企业。

三、方大特钢简介

江西方大钢铁集团有限公司（以下简称"方大特钢"）是辽宁方大集团实业有限公司（以下简称"方大集团"）的全资子公司，是一家以钢铁为主业并成功向汽车弹簧、矿业、国内外贸易、房地产、建筑安装、工程技术等行业多元发展的大型钢铁联合企业，是方大集团战略规划中确定的主营业务板块之一。方大特钢以生产建筑、工业用钢为主，拥有完整的生产线，年产钢能力1 600万吨，现有在岗员工2万余人。已通过质量、环境、职业健康安全及测量管理体系认证，拥有省级技术中心、博士后科研工作站及经过国家试验室认可的检测中心。方大特钢先后获得中国企业500强、最具成长性上市公司、最具社会责任感上市公司、第十四届中国上市公司金牛奖百强、中国钢铁工业先进集体、全国用户满意企业、江西省优强企业、江西省先进企业等荣誉，被授予"科学发展观研究基地""全国企业党建工作先进单位"和"江西省企业文化建设示范单位"的称号。

四、新钢股份简介

新钢股份有限责任公司（以下简称"新钢股份"）位于江西省新余市，是省属国有大型钢铁联合企业。公司占地面积30 220亩①，资产总值275亿元。2007年10月，新钢股份钢铁主业资产实现整体上市。2018年9月2日，中国企业联合会、中国企业家协会发布2018年中国企业500强榜单，

---

① 1亩≈666.67平方米。

新钢股份排名第 310 位。2018 年 11 月 8 日，汇桔网携手胡润研究院发布《2018 中国企业知识产权竞争力百强榜》，新钢股份以总分 26.5 的成绩排名第 74 位。

新钢股份拥有普钢、特钢、金属制品、化工制品等产品系列 800 多个品种和 3 000 多个规格。新钢股份"袁河""山凤"商标是"江西省著名商标"，船板通过 9 国船级社工厂认可和欧盟 GE 认证，袁河牌船体结构用钢板和优质碳素结构钢热轧盘条获"中国名牌产品"称号。"十一五"期间，新钢股份将深入贯彻落实科学发展观，把建设资源节约型、环境友好型企业放在突出位置，抓住我国钢铁工业发展的重要战略机遇期，加快机制体制改革，转变发展观念，创新发展方式，提高发展水平，不断提高市场竞争能力。新钢股份通过又好又快的发展，努力把新钢建成千万吨级的钢铁企业，打造了船用钢、电工钢、金属制品三大精品基地，建成了文化先进、基业长青、环境优美、社区和谐、人人小康、共享繁荣的企业。

第二节　基本理论综述

一、绩效评价的含义

根据预先建立的评价过程和评价标准，评价当期生产经营情况的过程就是绩效评价。通过绩效评价，公司可以真实地、客观地了解当前的生产经营状况，可以检验投资者投入的资金是否得到了有效且合理的利用、公司所有者权益是否得到了提高、利益相关者的相关利益是否得到了保证等许多其他问题。对于公司而言，内部资源分配是否合理是关键，绩效评价的结果是公司内部资源如何分配的重要基础。公司的绩效状况是通过各个部门的绩效评价获得的，绩效较好的部门可以分配到更好的资源，而绩效较差的部门分配到的资源也可能更差。

二、现有的绩效评价方法

姜佳欣和周霞（2014）在《基于杜邦分析法的黑色产业的营利能力分析》中指出，黑色工业是指铁、煤、有色金属，文章采用杜邦分析法来分析影响黑色产业的营利情况。

鲁叶楠（2019）在《应用财务指标法的企业财务分析——以 T 公司为例》中分析了 T 公司2013—2017 年的财务状况，通过分析企业营运能力、营利能力、成长能力、偿债能力，应用财务指标法呈现出较为清晰、客观的财务状况分析，反映出 T 公司2013—2017 年的财务状况变化情况。他希望将此分析方法应用于更多企业，帮助财务数据用户和投资者更详细地了解公司的财务状况。吕婧怡和郭晓顺（2016）在《基于财务指标法的纵向并购协同效应研究——以乐视网并购案为例》中指出，通过财务指标的分析对并购后的企业经营状况进行深入探讨，可以更好地为公司并购相关研究提供理论和数据支持。

何晶和马允（2018）在《沃尔评分法在证券公司的实际应用》中以某证券公司为例，将沃尔评分法运用到证券公司的财务分析中，根据证券公司的特点，从营利、偿债、成长能力三个方面选取财务评价指标，在选定的指标中，它强调了业务绩效、风险管理和市场影响力，并强调所选取指标的全面性和客观性，同时，科学性地确定指标的权重，从而构建了证券公司的绩效评分体系，并对证券公司的财务绩效评价进行了实际应用。

Ravi B Kashinath 和 B. M. Kanahalli（2015）认为，将经济增加值引入企业绩效有利于股东能更加真实客观地了解企业的绩效。文福海（2019）在《基于经济增加值的 JP 公司绩效评价研究》中认为经济增加值体系相较于其他传统绩效评价方法具有一定的优势。

（一）杜邦分析法

企业的财务指标是相互关联的，尤其是关键财务指标。杜邦分析方法基于对内部联系的全面分析，然后评估和分析企业的相关财务状况和经济效益。其计算公式如图 2-1 所示。

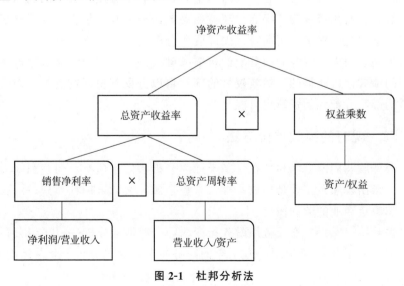

图 2-1　杜邦分析法

图 2-1 可以直接反映各个层次的指标与权益净利率之间的关系，但是企业的绩效还受到顾客、员工、创新等其他因素影响，而杜邦分析法却不能全面考虑这些因素，所以不能完整地反映企业实际经营的状况。

（二）财务指标法

财务指标法是使用利润和投资收益等财务指标来判断企业财务指标水平的一种绩效评价方法。主要代表指标是净利润，代表的是企业一个周期的经营成果，一般情况下，净利润和企业业绩正相关。净利润的大小反映了企业的经营效率和自身价值水平，但是如果在企业的绩效评估中仅使用净利润指标的话，则会出现许多不足之处。首先，净利润仅是一个数值，不能完全真正地反映企业运营效率水平，不同行业的净利润差异很大。其次，如果我们仅将净利润作为企业绩效评估的唯一指标，将导致管理层仅专注于追求短期净利润，而忽略甚至放弃技术创新和长期投资。这不利于企业的长期发展。

（三）沃尔评分法

Alexander Wall 在1930年选择了七个财务比率，即权益比率、流动比率、固定资产比率、库存周转率、应收账款周转率、固定资产周转率和自有资金周转率。并且在其基础上设置了相应的权重，然后对它们进行计算，从而了解企业的财务状况。通过分析，他认为大多数企业领导人都非常关注短期利益，却淡化了长期利益。使用沃尔评分方法可以合理地解决此问题。这种方法也有一定的缺点，企业领导者在使用这种方法时可能会参与他们的主观思想。这很可能在指标选择和评分过程中受到主观因素的影响，导致因领导者思想不一致而造成结果不一致。

▇ 第三节　经济增加值的基本概念

一、经济增加值的定义

经济增加值是由美国学者 Stewart 提出并由著名的美国 Stewart Consulting Company 薪酬体系注册和实施的一套基于经济增值概念的财务管理系统、决策机制和激励措施。它是一种基于税后营业净利润和产生这些利润所需的资本投资总成本的企业绩效的财务评估方法。核心为资本投资是有成本的，只有当企业的利润高于资本成本（包括股本成本和债务成本）

时，企业的利润才会为股东创造价值。经济增加值是一种综合评估工具，可有效利用资本并为经营者的股东创造价值，能反映企业的最终业务目标。另外，它也是企业价值管理系统的基础和核心。

二、经济增加值的实质

经济增加值的实质即统称为 4M 的评价指标（Measurement）、管理体系（Management）、激励制度（Motivation）和理念体系（Mindset）。

1. 评价指标（Measurement）

经济增加值是衡量绩效最准确的准绳，无论在哪个时期，它都能对公司的业绩做出最准确、最恰当的评估。在计算过程中，首先对传统概念进行了一系列的调整，以消除会计操作造成的异常，使其尽可能接近实际经济情况。

2. 管理体系（Management）

经济增加值是衡量企业所有决策的单一指标，企业可以将经济增加值用作全面财务管理系统的基础。该系统包括指导运营和制定策略的所有政策、方法、流程和指标。经济增加值涵盖管理决策的所有方面，包括战略计划、资本分配、并购或撤资的估值、制订年度计划，甚至日常运营计划。简而言之，改善经济增加值是超越一切的企业最重要的目标。在此过程中，企业放弃了所有其他可能误导经理做出错误决定的财务指标。

3. 激励制度（Motivation）

经济增加值使管理者能够从股东的角度，长远地考虑问题，并获得与企业所有者相同的报偿。思腾思特公司提出了现金激励和内部杠杆收购两个计划。现金奖励计划允许员工像企业所有者一样可以获得报酬，而内部杠杆收购允许员工与企业所有者建立真正的关系。我们坚信，人们做的会跟他们得到的一样多。作为激励和薪酬基础的经济增加值的增加是经济增加值制度蓬勃发展的源泉。因为最大化经济增加值的增长就是最大化股东价值。在经济增加值激励制度下，经理人为自己谋求更多利益的唯一途径就是为股东创造更多的财富，没有上限。对于经济增加值，经理创造的越多，他们获得的奖励就越多，经理人得到的报酬越多，股东得到的财富就越多。

4. 理念体系（Mindset）

如果经济增加值制度得到了全面实施，经济增加值财务管理制度和激励性薪酬制度将对企业文化产生深远的影响。在经济增加值制度下，所有的财务运作功能都有相同的基础，为企业不同部门的员工提供了沟通渠道。经济增加值为各部门之间的交流与合作提供了有利条件，建立了决策部门与运营部门之间的沟通渠道，消除了部门之间的偏见与不信任。

三、经济增加值核算模型的会计调整

1. 经济增加值核算模型的会计调整原则

由于经济增加值计算的数据均来自企业财务报表，而企业财务报表是按照现行会计准则来提供的，不能完全真实地反映公司的实际财务业绩，为了获得真实的企业业绩，经济增加值计量方法必须对会计事项做出适当的调整。

在《经济增加值与价值管理：实用指南》中，S. David Young 和 Stephen F. Auburn 确定了对经济增加值进行具体调整的四个标准：

（1）该调整是否基于完整的理论。

（2）该调整是否对经济增加值计量标准有显著影响。

（3）该调整是否明显提高经济增加值对收益和市场价值的解读能力。

（4）该调整是否对经营决策的制定产生显著影响。

对经济增加值进行的调整不但要考虑经济增加值计算的真实性、可靠性和相关性，还要考虑因人为因素操作的负面影响，因此，企业对会计报表的调整要遵循以下几个原则：

（1）一致性原则。会计调整一经确认，将不会随意进行更改，除非相关的会计准则进行了修改。

（2）可操作性原则。根据经济增加值理论的核心，对于会计报表的调整达到了 160 个，有一定的实际操作难度，因此对相应的会计进行调整，以提高其可操作性，根据长时间经验的累积，大多数企业实际需要对 2～15 项进行调整就能得到准确的经济增加值。

（3）成本效益原则。会计调整需要收集相关信息，需要人员对其进行计算等，因此在进行会计调整时会产生一定的成本。所以当成本大于会计调整带来的收益时，进行会计调整是无意义的。

（4）重要性原则。主要是对大额项目进行调整。

2. 新会计准则下不需要进行调整的事项

（1）商誉的处理。

根据新的会计准则，企业合并中取得的商誉要进行减值测试，不再进行

摊销。因此，在经济增加值调整中不再需要对商誉进行单独资本化调整。

（2）存货发出计价的处理。

存货的发行和计价方法直接影响当期损益和期末存货价值的确定。价格上涨时，先进先出法会降低企业利润，减少库存资金占用，无法准确反映企业的实际情况，对经济增加值有很大影响。

3. 新会计准则下需要进行调整的事项

（1）计提的各种减值准备。

新会计准则规定，应计入当期损益的资产减值损失，不得在以后转回。减值准备不仅会影响公司的利润，也会减少资本占用，因此，在计算经济增加值时，应将减值准备计入总资本，并将减值准备差额的当期变动计入税后营业利润净额，以免操纵利润。

（2）财务费用的调整。

由于资本成本包括债务的成本，因此在计算税后净营业利润的时候，利息费用不应计入期间费用，否则将导致双重计算资本成本和费用，税后财务费用必须被添加到税后净营业利润中。

（3）长期性质费用支出的调整。

按照新会计准则的规定，企业一次性的长期受益的费用将包含在当期损益中，具体包括营销、广告成本、固定资产维护成本等，而在经济增加值制度下，这些费用对企业的未来和长远发展具有一定的贡献，全部计入当期损益是不合理的，也容易影响管理者对此类支出的热情，不利于企业的长远发展。因此，在计算经济增加值时，这些成本将在一段时间内资本化并摊销。

（4）递延所得税的处理。

从经济学的角度来看，从企业当期利润中扣除的唯一税款应该是实际支付的税款，而不是将来可能会或可能不会支付的递延所得税费用。因此，在计算经济增加值时，如果将递延所得税收入从税后净利润中扣除，则应将递延所得税费用添加到当年的税后净利润中，同时，将递延所得税负债余额添加到总资本中并从总资本中扣除递延所得税资产余额。

（5）重组损失的调整。

企业重组、出售或者转让不能产生效益的投资项目，由于处置所得低于资产账面价值，因此发生了重组损失。按照企业会计准则的规定，应对重组损失一次性核销，以减少当期损益。

从管理的角度来看，重组可以优化资源配置，改善投资结构。这实际上是一项长期投资。因此，在计算经济增加值时，应将重组损失计入重组投资及资本占用，并在一定年限内摊销。

（6）政府补助的处理与调整。

《企业会计准则第 16 号——政府补助》：企业取得与资产相关的政府补助，不能直接确认为当期损益，应视为递延收益，从相关资产达到预定可使用状态时开始，在资产使用寿命中平均分配，划分为以后各期间的损益；企业取得与收入有关的政府补助，弥补已经发生的支出或损失时，直接计入当期损益，确认为递延收益，以补偿以后期间的相关费用或损失。取得时，相关费用于确认时计入当期损益。

（7）战略性投资的处理。

战略投资项目具有长期性和资金占用大的特点，投资初期经济增加值往往为负值，因此，为了不影响管理层的积极性，可以设立一个临时账户来收取所发生的投资费用。当投资项目开始产生税后净经营利润时，要考虑资金成本。

（8）经营租赁的处理。

《企业会计准则第 21 号——租赁》：如果租赁资产无法核算，则将每个期间的租金直接计入当期损益，但是，这在本质上是一种借贷行为，租金可以看作是债务的偿还，利息包括在资本成本中。处理方法是：首先，根据借款利率计算未来租赁费用的现值，作为资本投资；其次，将其添加至资本占用；最后，将资本化的租赁费当作本金，计算借款利息再添加到资本成本中。

4. 江西省资源类企业经济增加值核算模型的会计调整

根据经济增加值价值管理体系的核心理念和会计调整规则，本章对四家江西省资源类企业经济增加值的计算进行了以下的会计调整：

（1）坏账准备和各种资产减值准备。

对于资源类企业来说，原材料是生产的最基本条件之一。企业会持有大量的原材料用于生产，因此会计做了存货折旧的准备，同时，资源性产品的生产需要大量的机械设备，生产过程中机械设备的损耗也很大，所以在会计核算中也增加了固定资产减值准备的金额。这些储备会对资源类企业的经营利润产生不利影响，因此本文对其进行会计调整。

（2）递延税款。

对上文中提到的四家江西省资源类上市企业财务报表进行分析后发现，这四家上市公司都存有大量的递延税款，大量的递延税款会对经济增加值计算产生较大的影响，所以本文对其进行了会计调整。

（3）在建工程。

根据资源类企业的特点，在生产经营过程中，可能会出现厂房建设、机械设备建设、矿山原材料建设等在建项目的较大支出。这些金额一般比较大，会影响经济增加值的计算。因此，对在建项目进行会计调整。

（4）利息支出。

对上文中提到的四家江西省资源类上市企业财务报表进行分析后发现，它们都存在大量的利息支出，会影响经济增加值的计算，因此本文对其进行了相应的会计调整。

四、经济增加值核算模型

公式 $EVA=NOPAT-CC\times TC$ 是经济增加值计算的基本模型，其中 $NOPAT$ 为企业税后的净经营利润，CC 为企业的加权资本成本，TC 为企业的资本总额。但仅根据经济增加值的基本计算模型不能合理地计算出经济增加值，需要对企业进行细分。对基本模型公式进行细分可得：

1. 税后净经营利润

税后净经营利润

＝（1－所得税税率）×（利息费用＋利润总额）＋需要调整的会计项目

＝（净利润＋利息＋所得税）×（1－所得税税率）＋各种准备金金额的增加＋递延税贷方余额的增加－递延税借方余额的增加＋少数股东权益

2. 资本总额

资本总额＝债务资本＋股权资本＋投资资本调整额－在建工程净值

＝短期借款＋长期借款＋应付债券＋普股权益＋少数股东权益＋长期投资减值准备＋短期投资跌价准备＋固定资产减值准备＋坏账准备＋存货跌价准备＋无形资产减值准备＋递延税贷方余额－递延税款借方余额－在建工程净值

3. 加权资本成本

$CC=r_d\times(1-T)\times D\%+r_c\times E\%$，其中 CC 为加权平均资本成本、r_d 为债务资本（税前）、T 为企业所得税税率、D 为债务资本比重、r_c 为权益资本成本、E 为权益资本比重。

五、经济增加值业绩评价体系的优点

1. 考虑了企业全部资本成本

经济增加值指标相比于传统业绩评价指标，考虑了包含股权资本和债券资本在内的所有资本。会计利润不一定给股东带来价值。会计利润不能弥补企业的权益资本，是指股东对企业投入的资本尚未得到返还。仅当企业利润超过股东投入的资本时，剩下的才是为股东创造的价值，而经济增加值指标所表示的值是企业偿还债务资本和剔除了股权资本后的值，即为企业股东所创造的价值。

2. 避免了一些会计失真的影响

在一般会计准则下计算出的传统价值指数存在一些不准确的地方，不能反映企业经营业绩的真实情况。虽然经济增加值指标的信息也来源于企业发布的财务报表，但经济增加值在计算前会对会计指标进行相应的调整，这样的调整会在一定程度上削弱现行会计准则的影响。

3. 着眼于企业长远发展

相较于传统业绩评价体系，经济增加值指标对企业的长远发展进行了考虑，经济增加值资本成本的约束机制能够抑制投资等活动中滥用债务融资的高杠杆手段，维持企业可持续的发展。

相比于其他业绩评价体系，经济增加值业绩评价体系能够更准确真实地反映出企业的业绩，所以本文选择经济增加值业绩评价体系作为江西省资源类企业业绩评价方法，在下文通过此方法对四家江西省资源类企业业绩进行分析。

第四节　利用经济增加值核算方式衡量四家江西省资源类企业价值

一、资本总额的计算

1. 资本总额的计算

资本总额＝长期借款＋应付债券＋普股权益＋短期借款＋少数股东权益＋长期投资减值准备＋短期投资跌价准备＋固定资产减值准备＋坏账准备＋存货跌价准备＋无形资产减值准备＋递延税贷方余额－递延税款借方余额－在建工程净值

根据计算公式可以得出表 2-1～表 2-4 中的数据。

2. 计算债务总额和权益总额并计算资本结构

根据表 2-1～表 2-4 计算出的债务总额、权益总额和资本总额，可计算出债务资本和权益资本在资本总额中的比重。计算结果如表 2-5～表 2-8所示。

表 2-1 江西铜业资本总额计算表

单位：万元

年份	2010	2011	2012	2013	2014	2015	2016	2017	2018
短期借款	3 595 708 305	9 130 730 768	12 263 116 944	15 245 862 473	20 929 923 138	15 811 616 985	14 868 139 788	23 623 884 388	29 874 704 731
长期借款	712 728 248	173 622 050	617 845 098	90 061 994	680 454 179	347 600 000	228 100 000	8 750 000	3 282 000 000
应付债券	5 178 185 211	5 422 250 407	5 681 024 285	5 955 393 258	6 246 297 174	—	—	500 000 000	500 000 000
债务资本合计	9 486 621 764	14 726 603 225	18 561 986 327	21 291 317 725	27 856 674 491	16 159 216 985	15 096 239 788	24 132 634 388	33 656 704 731
普通股权益	34 537 405 915	39 805 994 957	43 907 772 330	45 639 676 913	47 026 266 586	47 833 482 117	48 822 847 220	49 983 229 863	52 026 690 328
少数股东权益	414 179 866	503 074 276	1 087 812 490	1 116 890 839	1 292 390 425	1 927 102 062	2 343 664 033	2 450 802 985	2 260 378 556
坏账准备									
存货跌价准备									
短期投资跌价准备	14 316 702	486 569 683	−15 021 644	174 604 575	1 389 355 157	455 345 340	1 153 454 641	2 336 100 053	1 850 533 762
长期投资减值准备									
固定资产减值准备									
无形资产减值准备									
递延税贷方余额	2 784 614	14 237 896	3 981 597	96 752 142	93 646 453	108 999 878	108 114 322	105 838 376	109 138 652
减：递延税款借方余额	184 584 288	306 089 392	261 149 525	483 853 438	690 058 974	922 887 544	960 335 408	716 043 512	676 853 430
减：在建工程净值	2 537 683 870	3 300 071 456	1 988 655 655	1 736 373 038	1 992 241 548	3 162 041 778	3 476 717 167	3 869 034 180	3 619 089 105
权益资本合计	32 246 418 939	37 203 715 964	42 734 739 593	44 807 697 993	47 119 358 099	46 240 000 075	47 991 027 641	50 290 893 585	51 950 798 763
资本总额	41 733 040 703	51 930 319 189	61 296 725 920	66 099 015 718	74 976 032 590	62 399 217 060	63 087 267 429	74 423 527 973	85 607 503 494

单位:万元

表 2-2 赣锋锂业资本总额计算表

年份	2010	2011	2012	2013	2014	2015	2016	2017	2018
短期借款	—	—	70 719 041	266 946 650	327 478 874	171 696 835	438 634 851	1 179 872 873	1 320 844 856
长期借款	—	—	—	7 000 000	7 000 000	106 000 000	56 000 000	319 889 200	706 112 640
应付债券	—	—	—	—	—	—	—	667 230 615	713 460 300
债务资本合计	—	—	70 719 041	273 946 650	334 478 874	277 696 835	494 634 841	2 166 992 188	2 740 417 796
普通股权益	718 575 990	739 667 600	810 608 971	1 340 747 371	1 387 778 661	1 883 185 337	2 490 505 819	4 043 170 128	7 977 173 187
少数股东权益	4 425 567	15 613 356	4 271 148	−310 946	1 227 658	663 787	2 217 392	5 965 698	53 529 422
坏账准备									
存货跌价准备									
短期投资跌价准备	436 292	878 913	6 389 458	2 967 348	1 225 719	26 337 347	238 412 477	29 530 004	7 445 266
长期投资减值准备									
固定资产减值准备									
无形资产减值准备									
递延税贷方余额	—	—				3 048 402	4 816 576	9 979 976	2 386 843
减:递延税借款方余额	1 984 931	3 129 885	4 526 489	5 821 007	2 096 701	6 155 319	22 348 340	63 845 567	27 046 587
减:在建工程净值	46 015 997	66 906 672	146 520 998	315 396 253	82 216 883	144 312 674	482 016 418	760 832 237	1 097 593 245
权益资本合计	675 436 921	686 123 312	670 222 090	1 022 186 513	1 305 918 454	1 762 766 880	2 231 587 506	3 263 968 002	6 915 894 886
资本总额	675 436 921	686 123 312	740 941 131	1 296 133 163	1 640 397 328	2 040 463 715	2 726 222 347	5 430 960 190	9 656 312 682

表 2-3　方大特钢资本总额计算表

单位：万元

年份	2010	2011	2012	2013	2014	2015	2016	2017	2018
短期借款	2 118 279 500	2 681 890 000	3 254 500 000	2 912 713 246	2 478 595 000	2 807 717 034	1 772 562 577	148 075 707	10 000 000
长期借款	202 800 000	130 000 000	50 000 000	25 000 000		35 000 000	28 000 000	—	—
应付债券	—	—	—	—	—	—	—	—	—
债务资本合计	2 321 079 500	2 811 890 000	3 304 500 000	2 937 713 246	2 478 595 000	2 842 717 034	1 800 562 577	148 075 707	10 000 000
普通股权益	2 268 579 071	3 336 312 333	3 818 568 145	2 771 019 611	3 203 186 134	2 268 265 504	2 928 035 437	5 170 949 409	6 736 283 532
少数股东权益	530 634 717	200 195 866	186 784 402	466 796 885	220 794 362	252 109 380	277 937 379	299 982 359	290 994 249
坏账准备									
存货跌价准备									
短期投资跌价准备	58 766 554	33 837 424	5 486 704	32 792 719	27 372 955	95 179 921	17 028 222	63 737 104	−11 140
长期投资减值准备									
固定资产减值准备									
无形资产减值准备									
递延税贷方余额	—	—	—	—	—	—	—	—	
减：递延税借款方余额	8 838 487	31 878 701	7 142 362	20 681 789	76 163 894	125 590 159	157 506 655	126 339 009	28 144 748
减：在建工程净值	751 226 865	345 688 481	62 863 776	68 659 427	169 629 015	119 278 688	57 761 351	357 319 221	187 507 046
权益资本合计	2 849 141 745	3 538 466 812	4 003 696 779	3 249 927 316	3 375 189 447	2 489 964 536	3 065 494 273	5 408 329 753	6 867 926 513
资本总额	5 170 221 245	6 350 356 812	7 308 196 779	6 187 640 562	5 853 784 447	5 332 681 570	4 866 056 850	5 556 405 460	6 877 926 513

单位：万元

表 2-4　新钢股份资本总额计算表

年份	2010	2011	2012	2013	2014	2015	2016	2017	2018
短期借款	5 629 050 000	6 216 605 188	6 452 457 954	7 383 427 293	6 839 957 172	6 386 390 645	5 866 623 937	4 743 068 001	3 339 889 200
长期借款	2 210 000 000	3 200 000 000	3 418 000 000	3 150 000 000	1 952 500 000	859 000 000	—	—	—
应付债券	2 472 609 097	3 467 005 299	889 912 613	889 912 613	2 487 103 390	1 595 184 539	1 596 402 817	1 597 717 338	—
债务资本合计	10 311 659 097	12 883 610 487	10 760 370 567	11 423 339 906	11 279 560 562	8 840 575 184	7 463 026 754	6 340 785 339	3 339 889 200
普通股权益	8 571 970 479	8 818 257 039	8 008 595 701	8 126 123 587	8 548 056 600	8 565 677 709	9 075 536 758	13 885 450 350	19 516 909 782
少数股东权益	48 965 607	209 817 036	492 061 514	483 462 774	509 516 547	462 173 941	501 867 930	534 570 547	541 307 292
坏账准备									
存货跌价准备									
短期投资跌价准备	48 733 199	−7 475 902	91 862 828	144 122 429	31 158 118	37 754 188	83 499 983	17 360 491	25 666 271
长期投资减值准备									
固定资产减值准备									
无形资产减值准备									
递延税贷方余额	—					—	12 784 252	11 793 549	10 675 980
减：递延税款借方余值	59 542 944	94 789 849	402 392 174	390 680 008	369 746 084	387 632 384	341 342 160	114 754 803	79 949 477
减：在建工程净值	811 837 368	1 487 031 100	73 970 369	186 372 869	191 587 235	343 958 065	225 907 897	292 629 651	885 314 259
权益资本合计	7 798 288 973	7 438 777 224	8 116 157 500	8 176 655 913	8 496 251 061	8 296 269 164	9 106 438 866	14 041 790 483	19 129 295 589
资本总额	18 109 948 070	20 322 387 711	18 876 528 067	19 599 995 819	19 775 811 623	17 136 844 348	16 569 465 620	20 382 575 822	22 469 184 789

表 2-5　江西铜业资本结构计算表

年份	2010	2011	2012	2013	2014	2015	2016	2017	2018
债务资本合计/万元	9 486 621 764	14 726 603 225	18 561 986 327	21 291 317 725	27 856 674 491	16 159 216 985	15 096 239 788	24 132 634 388	33 656 704 731
权益资本合计/万元	32 246 418 939	37 203 715 964	42 734 739 593	44 807 697 993	47 119 358 099	46 240 000 075	47 991 027 641	50 290 893 585	51 950 798 763
资本总额/万元	41 733 040 703	51 930 319 189	61 296 725 920	66 099 015 718	74 976 032 590	62 399 217 060	63 087 267 429	74 423 527 973	85 607 503 494
债务资本比重/%	22.73	28.36	30.28	32.21	37.15	25.90	23.93	32.43	39.32
权益资本比重/%	77.27	71.64	69.72	67.79	62.85	74.10	76.07	67.57	60.68

表 2-6　赣锋锂业资本结构计算表

年份	2010	2011	2012	2013	2014	2015	2016	2017	2018
债务资本合计/万元	—	—	70 719 041	273 946 650	334 478 874	277 696 835	494 634 841	2 166 992 188	2 740 417 796
权益资本合计/万元	675 436 921	686 123 312	670 222 090	1 022 186 513	1 305 918 454	1 762 766 880	2 231 587 506	3 263 968 002	6 915 894 886
资本总额/万元	675 436 921	686 123 312	740 941 131	1 296 133 163	1 640 397 328	2 040 463 715	2 726 222 347	5 430 960 190	9 656 312 682
债务资本比重/%	0	0	9.54	21.14	20.39	13.61	18.14	39.91	28.38
权益资本比重/%	100	100	90.46	78.86	79.61	86.39	81.86	60.09	71.62

表 2-7　方大特钢资本结构计算表

年份	2010	2011	2012	2013	2014	2015	2016	2017	2018
债务资本合计/万元	2 321 079 500	2 811 890 000	3 304 500 000	2 937 713 246	2 478 595 000	2 842 717 034	1 800 562 577	148 075 707	10 000 000
权益资本合计/万元	2 849 141 745	3 538 466 812	4 003 696 779	3 249 927 316	3 375 189 447	2 489 964 536	3 065 494 273	5 408 329 753	6 867 926 513
资本总额/万元	5 170 221 245	6 350 356 812	7 308 196 779	6 187 640 562	5 853 784 447	5 332 681 570	4 866 056 850	5 556 405 460	6 877 926 513
债务资本比重/%	44.89	44.28	45.22	47.48	42.34	53.31	37.01	2.35	0.15
权益资本比重/%	55.11	55.72	54.78	52.52	57.66	46.69	62.99	97.65	99.85

表 2-8　新钢股份资本结构计算表

年份	2010	2011	2012	2013	2014	2015	2016	2017	2018
债务资本合计/万元	10 311 659 097	12 883 610 487	10 760 370 567	11 423 339 906	11 279 560 562	8 840 575 184	7 463 026 754	6 340 785 339	3 339 889 200
权益资本合计/万元	7 798 288 973	7 438 777 224	8 116 157 500	8 176 655 913	8 496 251 061	8 296 269 164	9 106 438 866	14 041 790 483	19 129 295 589
资本总额/万元	18 109 948 070	20 322 387 711	18 876 528 067	19 599 995 819	19 775 811 623	17 136 844 348	16 569 465 620	20 382 575 822	22 469 184 789
债务资本比重/%	56.94	63.40	57.01	58.28	57.04	51.59	45.04	18.50	14.87
权益资本比重/%	43.06	36.60	42.99	41.72	42.96	48.41	54.96	31.11	85.13

二、加权资本成本的计算

1. 债务资本成本

根据我国的实际情况，大部分企业的负债是由银行短期贷款组成的。这些企业占 60% 以上。由于主要通过银行而构成企业的负债，因此无差距较大的贷款利率。由于这种情况的普遍性，本文选取中国人民银行公布的3~5 年中长期银行贷款利率为税前债务成本，由此便可计算出各年的债务资本成本（税后），结果如表 2-9 所示。

表 2-9　债务资本成本计算表

年份	2010	2011	2012	2013	2014	2015	2016	2017	2018
债务资本成本/%（税前）	5.79	6.71	6.63	6.40	6.37	5.42	4.75	4.75	4.75
其中： 2010 年＝5.76×10/12＋5.96×2/12＝5.79 2011 年＝6.22×1/12＋6.45×2/12＋6.65×3/12＋6.90×6/12＝6.71 2012 年＝6.90×5/12＋6.65×1/12＋6.40×6/12＝6.63 2013 年＝6.40 2014 年＝6.40×11/12＋6.00×1/12＝6.37 2015 年＝6.00×3/12＋5.75×2/12＋5.50×1/12＋5.25×2/12＋5.00×2/12＋4.75×2/12 　　　＝5.42 2016 年＝4.75 2017 年＝4.75 2018 年＝4.75									
债务资本成本/%（税后）	4.92	5.70	5.64	5.44	5.41	4.61	4.04	4.04	4.04

2. 权益资本成本

股权资本的成本率 r_e 的计算公式为：$r_e = r_f + \beta (r_m - r_f)$

r_f 为无风险收益率，β 为风险测度系数，$(r_m - r_f)$ 为市场组合的风险溢价。

无风险收益率的计算采用银行发布的三个月整存整取年利率。如表 2-10 所示。

表 2-10 无风险利率

年份	2010	2011	2012	2013	2014	2015	2016	2017	2018
$r_f/\%$	1.74	2.98	2.87	2.35	2.58	1.77	1.10	1.10	1.10
其中:									
2010 年=1.71×10/12+1.91×2/12=1.74									
2011 年=2.60×2/12+2.85×2/12+3.10×8/12=2.98									
2012 年=3.10×6/12+2.85×1/12+2.60×/12=2.87									
2013 年=2.35									
2014 年=2.60×11/12+2.35×1/12=2.58									
2015 年=2.35×3/12+2.10×2/12+1.85×1/12+1.60×2/12+1.35×2/12+1.10×2/12=1.77									
2016 年=1.10									
2017 年=1.10									
2018 年=1.10									

本文根据国内大多数学者的做法,将国内 GDP 增长率作为市场风险溢价 (r_m-r_f),如表 2-11 所示。

表 2-11 GDP 增长率 (r_m-r_f)

年份	2010	2011	2012	2013	2014	2015	2016	2017	2018
GDP 指数 (以 1978 年为 100)	2 013.1	2 210.2	2 449.2	2 639.2	2 832.6	3 028.2	3 232.2	3 450.6	3 755.9
GDP 增长率/% (r_m-r_f)	9.79	10.81	7.75	7.32	7.30	6.91	6.74	6.76	8.85

因此,根据股权资本的成本率 r_e 的计算公式 $r_e=r_f+\beta(r_m-r_f)$(本文的计算暂定 $\beta=1$),可以计算出各年的权益资本成本,如表 2-12 所示。

表 2-12 权益资本成本

年份	2010	2011	2012	2013	2014	2015	2016	2017	2018
权益资本成本/%	11.53	13.79	10.62	9.67	9.88	8.68	7.84	7.86	9.95
2010 年=1.74+9.79=11.53									
2011 年=2.98+10.81=13.79									
2012 年=2.87+7.75=10.62									
2013 年=2.35+7.32=9.67									
2014 年=2.58+7.30=9.88									
2015 年=1.77+6.91=8.68									
2016 年=1.10+6.74=7.84									
2017 年=1.10+6.76=7.86									
2018 年=1.10+8.85=9.95									

根据公式 $CC=r_d\times(1-T)\times D\%+r_c\times E\%$，其中 CC 为加权平均资本成本、r_d 为债务资本（税前）、T 为企业所得税税率、D 为债务资本比重、r_c 为权益资本成本、E 为权益资本比重，可以计算出加权平均资本成本。其计算结果如表 2-13～表 2-16 所示。

表 2-13　江西铜业加权平均资本成本

年份	2010	2011	2012	2013	2014	2015	2016	2017	2018
债务资本/%（税前）	5.79	6.71	6.63	6.40	6.37	5.42	4.75	4.75	4.75
债务资本/%（税后）	4.92	5.70	5.64	5.44	5.41	4.61	4.04	4.04	4.04
债务资本比重/%	22.73	28.36	30.28	32.21	37.15	25.90	23.93	32.43	39.32
权益资本成本/%	11.53	13.79	10.62	9.67	9.88	8.68	7.84	7.86	9.95
权益资本比重/%	77.27	71.64	69.72	67.79	62.85	74.10	76.07	67.57	60.68
加权平均资本成本/%	9.70	10.86	7.95	6.99	6.59	6.85	6.32	5.59	6.40

表 2-14　赣锋锂业加权平均资本成本

年份	2010	2011	2012	2013	2014	2015	2016	2017	2018
债务资本/%（税前）	5.79	6.71	6.63	6.40	6.37	5.42	4.75	4.75	4.75
债务资本/%（税后）	4.92	5.70	5.64	5.44	5.41	4.61	4.04	4.04	4.04
债务资本比重/%	0	0	9.54	21.14	20.39	13.61	18.14	39.91	28.38
权益资本成本/%	11.53	13.79	10.62	9.67	9.88	8.68	7.84	7.86	9.95
权益资本比重/%	100	100	90.46	78.86	79.61	86.39	81.86	60.09	71.62
加权平均资本成本/%	11.53	13.79	10.14	8.78	8.97	8.13	7.15	6.33	8.27

表 2-15　方大特钢加权平均资本成本

年份	2010	2011	2012	2013	2014	2015	2016	2017	2018
债务资本/%（税前）	5.79	6.71	6.63	6.40	6.37	5.42	4.75	4.75	4.75
债务资本/%（税后）	4.92	5.70	5.64	5.44	5.41	4.61	4.04	4.04	4.04
债务资本比重/%	44.89	44.28	45.22	47.48	42.34	53.31	37.01	2.35	0.15
权益资本成本/%	11.53	13.79	10.62	9.67	9.88	8.68	7.84	7.86	9.95
权益资本比重/%	55.11	55.72	54.78	52.52	57.66	46.69	62.99	97.65	99.85
加权平均资本成本/%	8.56	10.21	8.37	7.66	7.98	6.51	6.43	7.77	9.94

表 2-16　新钢股份加权平均资本成本

年份	2010	2011	2012	2013	2014	2015	2016	2017	2018
债务资本/%（税前）	5.79	6.71	6.63	6.40	6.37	5.42	4.75	4.75	4.75
债务资本/%（税后）	4.92	5.70	5.64	5.44	5.41	4.61	4.04	4.04	4.04
债务资本比重/%	56.94	63.40	57.01	58.28	57.04	51.59	45.04	18.50	14.87
权益资本成本/%	11.53	13.79	10.62	9.67	9.88	8.68	7.84	7.86	9.95
权益资本比重/%	43.06	36.60	42.99	41.72	42.96	48.41	54.96	31.11	85.13
加权平均资本成本/%	7.77	8.66	7.78	7.20	7.33	6.58	6.13	3.19	9.07

三、税后净利润的计算

税后净经营利润（NOPAT）＝（净利润＋利息＋所得税）×（1－所得税税率）＋各种准备金金额的增加＋递延税贷方余额的增加－递延税借方余额的增加＋少数股东权益

根据江西铜业的资产负债表、利润表及附表，计算税后净经营利润的计算过程如表 2-17～表 2-20 所示。

四、经济增加值的计算

在算出资本总额、资本的加权资本成本和税后净利润后，根据公式 $EVA=NOPAT-CC×TC$ 便可计算出经济增加值。计算过程和结果如表 2-21～表 2-24 所示。

从表 2-21～表 2-24 可以看出，江西铜业、赣锋锂业、方大特钢和新钢股份这四家上市公司 2010—2018 年的经济增加值绝大部分远高于零（江西铜业 2015 年经济增加值小于零；赣锋锂业虽然 2010—2015 年经济增加值都小于零，但是 2015 年后经济增加值远大于零，并处以逐年增长模式；新钢股份 2012 年、2013 年和 2015 年经济增加值小于零，但是 2015 年后经济增加值远大于零，并处以逐年增长模式），即企业的利润总额高于全部的投资资本，增加了股东的原有价值，因此，依旧可以推断，江西省资源类企业业绩在这几年有较好的发展前景。

表2-17　江西铜业税后净经营利润计算表

年份	2010	2011	2012	2013	2014	2015	2016	2017	2018
净利润/万元	4 964 840 883	6 610 484 015	5 294 482 653	3 641 706 499	2 849 556 312	684 754 734	940 804 864	1 711 730 929	2 454 310 262
加:利息/万元	78 662 588	323 494 003	428 949 909	408 259 002	940 799 034	954 971 547	496 213 781	954 971 547	6 72 784 611
所得税/万元	1 015 027 384	1 060 392 202	980 389 006	1 138 427 500	1 014 259 114	479 663 053	1 092 731 971	1 145 542 052	839 539 312
等于:税前利润/万元	6 058 530 855	7 994 370 220	6 703 821 568	5 188 393 001	4 804 614 460	2 119 389 334	2 529 750 616	3 812 244 528	3 966 634 185
乘以:1－所得税率	0.85	0.85	0.85	0.85	0.85	0.85	0.85	0.85	0.85
等于:息税后利润/万元	5 149 751 227	6 795 214 687	5 698 248 333	4 410 134 051	4 083 922 291	1 801 480 934	2 150 288 024	3 240 407 849	3 371 639 057
加:少数股东权益/万元	414 179 866	503 074 276	1 087 812 490	1 116 890 839	1 292 390 425	1 927 102 062	2 224 974 005	2 450 802 985	2 260 378 556
递延税项贷方余额的增加/万元	2 375 719	11 453 282	－10 256 299	92 770 545	－3 105 689	15 353 425	－885 556	－2 275 946	3 300 276
减:递延税项借方余额的增加/万元	11 753 226	121 505 104	－44 939 867	222 703 913	206 205 536	232 828 570	37 447 864	－244 291 896	－39 190 082
等于:税后净经营利润/万元	5 554 553 586	7 188 237 141	6 820 744 391	5 397 091 522	5 167 001 491	3 511 107 851	4 336 928 609	5 933 226 784	5 674 507 971

表2-18 赣锋锂业税后净经营利润计算表

年份	2010	2011	2012	2013	2014	2015	2016	2017	2018
净利润/万元	42 678 706	53 086 687	67 996 635	69 541 432	84 399 576	124 797 397	465 418 701	1 468 579 965	1 223 883 101
加:利息/万元	2 908 353	638 877	1 062 783	8 385 921	8 117 526	18 741 873	21 000 193	48 341 043	80 693 444
所得税/万元	8 809 903	11 498 512	14 102 483	16 553 952	16 868 306	25 101 679	69 003 609	269 859 649	162 642 784
等于:息税前利润/万元	54 396 962	65 224 076	83 161 901	94 481 305	109 385 408	168 640 949	555 422 503	1 786 780 657	1 467 219 329
乘以:1-所得税率	0.85	0.85	0.85	0.85	0.85	0.85	0.85	0.85	0.85
等于:息税后利润/万元	46 237 418	55 440 464	70 687 615	80 309 109	92 977 596	143 344 806	472 109 127	1 518 763 558	1 247 136 429
加:少数股东权益/万元	4 425 567	15 613 356	4 271 148	−310 946	1 227 658	663 787	2 217 392	5 965 698	53 529 422
递延税项贷方余额的增加/万元		—	—	—	—	3 048 402	1 768 174	59 028 991	−61 458 724
减:递延税项借方余额的增加/万元	−70 693	1 144 954	1 396 604	1 294 518	−3 724 306	4 058 618	16 193 021	41 497 227	−36 798 980
等于:税后净经营利润/万元	50 733 678	69 908 866	73 562 159	78 703 645	97 929 560	142 998 377	459 901 672	1 542 261 020	1 276 006 107

表2-19　方大特钢税后净经营利润计算表

年份	2010	2011	2012	2013	2014	2015	2016	2017	2018
净利润/万元	313 699 422	767 397 527	537 046 651	584 527 740	598 678 676	114 684 003	694 164 873	2 550 233 014	2 931 977 756
加:利息/万元	108 204 386	188 976 182	204 716 989	195 214 098	172 522 327	128 126 113	91 852 039	73 965 219	39 208 415
所得税/万元	86 606 795	216 640 322	246 893 817	236 001 996	205 997 936	17 991 006	210 080 391	874 690 912	913 111 199
等于:税前利润/万元	508 510 603	1 173 014 031	988 657 457	1 015 743 834	977 198 939	260 801 122	996 097 303	3 498 889 145	3 884 297 370
乘以:1-所得税率	0.85	0.85	0.85	0.85	0.85	0.85	0.85	0.85	0.85
等于:息税后利润/万元	432 234 013	997 061 926	940 358 838	863 382 259	830 619 098	221 680 953	846 682 707	2 974 055 773	3 301 652 764
加:少数股东权益/万元	530 634 717	200 195 866	186 784 402	466 796 885	220 794 362	252 109 380	277 937 379	299 982 359	290 994 249
递延税项贷方余额的增加/万元	—	—	—	—	—	—	—	—	28 144 748
减:递延税项借方余额的增加/万元	3 951 499	2 340 214	−24 736 339	13 539 427	55 482 105	49 426 465	31 916 496	−31 167 646	61 168 037
等于:税后净经营利润/万元	958 917 231	1 194 917 578	1 151 879 579	1 316 639 717	995 931 355	424 363 868	1 092 703 590	3 305 205 778	3 559 623 724

表 2-20 新钢股份税后净经营利润计算表

年份	2010	2011	2012	2013	2014	2015	2016	2017	2018
净利润/万元	386 466 317	182 782 510	−1 037 774 112	122 864 636	428 136 173	54 445 914	970 890 986	3 139 410 954	5 913 258 741
加:利息/万元	516 132 525	619 716 181	927 126 755	902 564 560	970 890 986	772 208 072	560 627 068	475 698 907	331 784 441
所得税/万元	9 113 085	42 081 585	−304 940 276	27 924 999	37 509 122	−23 622 528	101 627 729	919 862 738	724 610 358
等于:息税前利润/万元	911 711 927	844 580 276	−415 587 633	1 053 354 195	1 436 536 281	803 031 458	1 633 145 783	4 534 972 599	6 969 653 540
乘以:1−所得税率	0.85	0.85	0.85	0.85	0.85	0.85	0.85	0.85	0.85
等于:息税后利润/万元	774 955 138	717 893 235	−353 249 488	895 351 066	1 221 055 838	682 576 739	1 388 173 915	3 854 726 709	5 924 205 509
加:少数股东权益/万元	48 965 607	209 817 036	492 061 514	483 462 774	509 516 547	462 173 941	501 867 930	534 570 547	541 307 292
递延税项贷方余额的增加/万元	—	—	—	—	—	—	12 784 252	−990 703	−1 117 569
减:递延税项借方余额的增加/万元	−14 439 983	35 246 905	307 602 325	−11 712 166	−20 933 924	17 886 300	−46 290 224	−226 587 357	−34 805 326
等于:税后净经营利润/万元	805 529 263	960 616 962	471 150 690	1 353 562 247	1 654 156 356	1 113 210 515	1 811 835 125	4 193 877 545	6 369 539 438

表 2-21　江西铜业经济增加值的计算

年份	2010	2011	2012	2013	2014	2015	2016	2017	2018
税后净经营利润/万元	5 554 553 586	7 188 237 141	6 820 744 391	5 397 091 522	5 167 001 491	3 511 107 851	4 336 928 609	5 933 226 784	5 674 507 971
资本总额/万元	41 733 040 703	51 930 319 189	61 296 725 920	66 099 015 718	74 976 032 590	62 399 217 060	63 087 267 429	74 423 527 973	85 607 503 494
加权资本成本/%	9.70	10.86	7.95	6.99	6.59	6.85	6.32	5.59	6.40
EVA/万元	1 506 448 638	1 548 604 477	1 947 654 680	776 770 323	226 080 943	−763 238 517	349 813 307	1 772 951 570	195 627 747

表 2-22　赣锋锂业经济增加值的计算

年份	2010	2011	2012	2013	2014	2015	2016	2017	2018
税后净经营利润/万元	50 733 678	69 908 866	73 562 159	78 703 645	97 929 560	142 998 377	459 901 672	1 542 261 020	1 276 006 107
资本总额/万元	675 436 921	686 123 312	740 941 131	1 296 133 163	1 640 397 328	2 040 463 715	2 726 222 347	5 430 960 190	9 656 312 682
加权资本成本/%	11.53	13.79	10.14	8.78	8.97	8.13	7.15	6.33	8.27
EVA/万元	−27 144 198	−24 707 538	−1 569 271	−35 096 846	−49 214 080	−22 891 323	26 497 677	1 198 481 240	477 429 048

表 2-23 方大特钢经济增加值的计算

年份	2010	2011	2012	2013	2014	2015	2016	2017	2018
税后净经营利润/万元	958 917 231	1 194 917 578	1 151 879 579	1 316 639 717	995 931 355	424 363 868	1 092 703 590	3 305 205 778	3 559 623 724
资本总额/万元	5 170 221 245	6 350 356 812	7 308 196 779	6 187 640 562	5 853 784 447	5 332 681 570	4 866 056 850	5 556 405 460	6 877 926 513
加权资本成本/%	8.47	10.71	8.51	7.66	8.31	6.88	6.70	7.77	9.94
EVA/万元	630 151 521	724 222 398	273 011 013	1 157 349 374	1 409 354 084	924 965 325	1 632 693 573	3 981 059 924	6 118 866 240

表 2-24 新钢股份经济增加值的计算

年份	2010	2011	2012	2013	2014	2015	2016	2017	2018
税后净经营利润/万元	805 529 263	960 616 962	471 150 690	1 353 562 247	1 654 156 356	1 113 210 515	1 811 835 125	4 193 877 545	6 369 539 438
资本总额/万元	18 109 948 070	20 322 387 711	18 876 528 067	19 599 995 819	19 775 811 623	17 136 844 348	16 569 465 620	20 382 575 822	22 469 184 789
加权资本成本/%	7.77	8.66	7.78	7.20	7.33	6.58	6.13	3.19	9.07
EVA/万元	−601 613 702	−799 301 813	−997 443 193	−57 637 451	204 589 364	−14 393 843	796 126 882	3 543 673 376	4 331 584 378

第 三 章

资源类企业环境绩效评价

第一节　资源类企业环境绩效评价体系的构建

在选择评价指标方面，应按照科学性和成本效益原则设计评价指标的内容，构建环境绩效评价体系，运用熵值法确定各指标对应的权重并计算其环境绩效综合得分。

一、评价指标选取的原则与依据

1. 评价指标选取的原则

在进行环境绩效评价时，要确定和明确评价指标选取的原则。选取和设计指标的过程中，需要严格遵守下列原则。

（1）科学性原则。

资源类企业在选择指标时，应以科学的理论为依据，考虑到不同行业所面临的环境和情况不同，生产经营特点也不同，因此，资源企业在选择指标时，应严格遵循科学的原则，参照一定的标准并结合自身特点，确保指标能够客观、真实地反映企业经营活动中环境责任的相关信息。

但是考虑到本文所选取的江西省资源类企业属于不同行业，生产的产品类型也不同，为了方便计算和迅速得出结论，本文将分析所选取资源类企业的共性，选取能同时代表所选取的资源类企业环境绩效的评价指标。

（2）可操作性原则。

可操作性原则主要体现所选指标的适用性。在指标的选择中，不能与企业的实际情况相背离，以此保证指标能够在实践中得到应用，同时，收集环境数据时要尽量选择容易收集的进行对比分析，确保后续工作能够顺利完成。因此，要保证其可操作性。

（3）成本效益原则。

选择评价指标时，应充分考虑成本与效率的比值。评价指标的设计和选择过程虽然非常烦琐和复杂，却是整个评价工作中最关键的一步，消耗了相当数量人力和物力，因此，在指标的选择上，不能将所有影响因素都纳入指标体系中，忽略获取这些指标所要耗费的成本。企业要考虑指标获取的难易程度。企业应删除无法获得或数据采集成本超过自身价值的指标并尽量选择容易获得、具有一定相关性、成本低、有效的指标。

（4）定性与定量相结合原则。

企业的财务报告通常披露一些可量化的指标。定量指标具有准确性、客观性和可比性的特点，然而，单靠定量指标无法对企业进行综合评价，评价结果缺乏一定的参考意义。企业环境管理体系等定性指标也会影响企业环境绩效，因此，在构建环境绩效指标时，不仅要选择有说服力的定量指标，而且要对不易量化的指标进行定性描述，从而使评价结果更加客观有效。

2. 评价指标选取的依据

1999 年，国际标准化组织（ISO）发布了 ISO14031《环境管理——环境绩效评价指南》，为企业提供了一个总的指标库，从而可以根据资源类企业环境信息披露的不同状况，从中选取不同的指标。

2006 年，全球报告倡议组织（GRI）发布了《可持续发展能力报告指南》，旨在敦促企业积极披露相关信息，包括经济、环境和社会信息。报告中将环境指标分为 16 个核心指标和 19 个附加指标，其中的"三废"、环境治理支出和废物利用等也为资源类企业环境绩效评价时指标的选择提供了一定的方向。

从 2005 年开始，许多学者从平衡计分卡的四个维度建立企业环境绩效评价体系，因此，为了提高这一章的指标选择和设计科学、实用，我们从财务维度、利益相关者维度、内部环境管理维度、学习与成长维度四个方面构建环境绩效评价体系。

陶岚（2015）对重污染企业进行环境绩效评价时选取了排污费用作为财务绩效维度的指标之一；杨霞（2016）等在研究不同地区环境绩效与财

务绩效之间的关系时，以单位营业收入污染物排污费的减少程度作为衡量企业环境绩效的标准。因此本章在财务维度选取指标时，采用了排污费用率指标作为该维度的评价指标。

叶陈刚（2015）等基于亨利量化的环境绩效，结合我国的实际情况，从企业是否通过 ISO14000 认证、是否被评为环境友好型企业、是否出现重大环境事故、是否通过环保核查、是否因环境问题受到过处罚这五个维度出发，运用 Janis-Fadner 系数计算环境绩效，使 EPI 值为－1～1，代表企业环境绩效水平，从而研究环境绩效与其他变量之间的关系；王卉子（2017）在进行企业环境绩效评价体系指标体系设计中将是否通过 ISO14001 认证作为环境产出指标之一；梁言、李辰颖（2018）基于平衡计分卡的环境绩效研究中内部流程采用了污染物排放达标率作为指标之一，本文借鉴此指标并根据实际情况将该指标改进为主要污染物是否达标排放指标。因此，本章在内部环境管理维度中选取了是否通过 ISO14001 认证指标和主要污染物是否达标排放指标作为该维度的评价指标。

王卉子（2017）在进行企业环境绩效评价体系指标体系设计中将是否发生环境事故作为环境产出指标；马刚、赵蕊、李妮妮（2019）在对煤炭企业环境治理绩效评价研究时环境事故发生数和环境治理信息披露程度作为客户维度环境治理绩效评价指标；赵晓鸥（2019）在 A 石油公司环境绩效评价研究外部沟通指标中选取了环境事故发生数和环境报告发布情况作为指标。因此本章在利益相关者维度中采取了环境事故次数指标和是否发布社会责任报告指标作为该维度的评价指标。

赵蕊（2019）在煤炭企业环境治理绩效评价研究中学习与成长维度采用了研发投入比作为指标；杨丽青（2018）在煤炭企业环境绩效评价研究中学习与成长维度采用了研发投入率和研发人员比重作为评价指标。因此本章在学习与成长维度采取了研发投入率指标和研发人员比重指标作为该维度的评价指标。

二、环境绩效评价治标的设计

1. 财务维度

环保排污率，指报告期环保排污费用与营业收入的比率，可以看出企业的环境保护强度的高低。比率越低，则说明企业对环境保护的重视程度越高。计算公式为：

$$环保排污率＝环保排污费用/营业收入×100\%$$

2. 内部环境管理维度

（1）是否通过 ISO14001 认证是指报告年度企业是否通过 ISO14001（环境管理体系认证）认证，如果通过 ISO14001 的认证则说明该企业拥有较为完善的环境管理体系。通过 ISO14001 认证为 1，未通过 ISO14001 认证为 0。

（2）主要污染物是否达标排放是指报告年度企业排放的主要污染物是否达到行业和国家标准，若达到，说明企业在生产过程中注重环境保护。达标排放为 1，未达标排放为 0。

3. 利益相关者维度

（1）环境事故次数是指报告年度企业环境事故的次数，环境投诉和环境处罚的发生，将给企业造成巨大的经济损失和形象损失。因此，在评价企业环境绩效时，应考虑环境事故数量对企业的影响。

（2）是否发布社会责任报告是指报告年度内企业是否对外发布社会责任报告，若发布，则说明企业重视社会责任，有助于提升企业形象。发布社会责任报告为 1，未发布社会责任报告为 0。

4. 学习与成长维度

（1）研发投入率是指报告年度内企业进行研发投入与营业收入的比值。研发投入率用来衡量企业创新和研发的能力，而环保技术的研发和创新在资源类企业研发投入占比较大，所以该指标也能反映出企业对环保创新的重视程度。计算公式为：研发投入率＝全年研发投入金额/营业收入×100%

（2）研发人员比重是指报告年度内企业研发人员总数与企业员工总数的比值。该比值越大，意味着企业发展潜力等越大。其计算公式为：

$$研发人员比重＝研发人员数量/员工总人数×100\%$$

三、构建环境绩效评价体系

综上所述，对各个维度绩效评价指标的分析，可以将资源类企业环境绩效评价指标体系构建为 3 个层次，分别为目标层、准则层和指标层。目标层是资源类企业环境绩效评价指标体系为 A；准则层包括 4 个维度，分别为财务、内部环境管理、利益相关者、学习与成长维度；指标层为 A_{ij}（$i=1, 2, 3, 4$　$j=1, 2, 3$），具体包括 7 个评价指标，分别为环保排污率、是否通过 ISO14001 认证、主要污染物是否达标排放、环境事故次数、是否发布社会责任报告、研发投入率、研发人员比重，具体如表 3-1 所示。

表 3-1　资源类企业环境绩效评价指标体系

目标层	准则层	指标层	单位
资源类企业环境绩效评价	财务维度 A_1	环保排污率 A_{11}	％
	内部环境管理维度 A_2	是否通过 ISO14001 认证 A_{21}	—
		主要污染物是否达标排放 A_{22}	—
	利益相关者维度 A_3	环境事故次数 A_{31}	件
		是否发布社会责任报告 A_{32}	—
	学习与成长维度 A_4	研发投入率 A_{41}	％
		研发人员比重 A_{42}	％

四、指标权重的确定

1. 确定指标权重的方法

指标权重是构建企业环境治理绩效评价体系的关键。赋权方法有主观赋权法、客观赋权法和主客观赋权法。其中，层次分析法和专家调查法是常用的主观方法，大多采用实证问卷法确定。熵值法和主成分分析法属于客观方法。主观方法适用于具体问题的具体分析。专家根据实际情况优化配重，然而，它并非统一的，并且没有具体标准，判断多基于专家的主观经验和意识，缺乏科学客观性，使公司环境治理绩效评价体系的建设存在很大局限性，而客观法则是根据科学的统一逻辑算法，以原始数据为基础，避免了主观赋权给专家的随意性。它具有客观性和科学性，有一定的理论依据。熵值法由于受差异驱动，避免了主观因素的干扰，因其客观性的特点得到了广泛的应用。

熵值法的基本原理是，在信息论中，熵是不确定度的度量。信息越多，不确定性越小，熵就越小；信息越少，不确定性越大，熵也越大。在评价指标体系中应用熵值法的原理，通过计算熵值来判断指标的离散程度，从而反映指标在评价体系中的作用的大小，成为我们确定指标权重的依据。具体来说，指标数值离散度越高，其熵值就越小，在评价体系中的权重就越大，离散度低则反之。

熵值法的计算步骤：

本文选取的 7 项评价指标间存在着量纲不统一的差异，其中是否通过 ISO14001 认证、主要污染物是否达标排放、是否发布社会责任报告、研发投入率、研发人员比重这 5 项指标为正向指标；环保排污率、环境事故次数这 2 项指标属于逆向指标。为了将指标的性质统一，以消除它们差异带来的影响，需要先把数据进行极值处理。

（1）进行极值处理，设有 i 个待评企业，j 项评价指标：

$$V_{ij} = \begin{cases} \dfrac{x_{ij} - \min x_{ij}}{\max x_{ij} - \min x_{ij}} \text{（对于正指标）} \\[3mm] \dfrac{\max x_{ij} - x_{ij}}{\max x_{ij} - \min x_{ij}} \text{（对于逆指标）} \end{cases}$$

计算后得出的值中可能出现 0，但是 0 是无法取对数的，所以要对 V_{ij} 进行相应的处理。所以当 $V_{ij} = 0$ 时，将数据进行平移，公式如下：

$$V_{ij}^{+} = V_{ij} + Q$$

Q 通常选择大于 0 但接近 0 的常数。本文在对数值进行计算时，通常保留四位有效数字，因此，特将 Q 值设定为 0.000 1。

（2）计算第 j 项指标下，第 i 个年份的特征比重：

$$p_{ij} = \frac{X_{ij}}{\sum\limits_{i=1}^{n} V_{ij}}$$

（3）计算第 j 项指标的熵值：

$e_j = -k \sum\limits_{i=1}^{n} p_{ij} In(p_{ij})$ ，这里 $1 > e_j > 0$。如果 x_{ij} 对于给定的 j 全都相等，那么 $p_{ij} = \dfrac{1}{n}$，$e_j = kInn$。根据熵值法的原理，对于给定的 j，x_{ij} 的差异越小，则 e_j 越大，当 x_{ij} 全部相等时，$e_j = e_{max} = 1$（由此可以计算出 $k = \dfrac{1}{Inn}$ ），此时对于系统间的比较指标 x_j 毫无作用：当 x_{ij} 的差异越大，e_j 越小，指标 x_j 对于系统的作用越大。

（4）计算指标 x_j 的差异性系数：定义差异系数 $g_j = 1 - e_j$，g_j 越大，越应重视该指标的作用。

（5）确定权数：取

$$w_j = \frac{g_j}{\sum\limits_{j=1}^{m} g_j} \text{，} j = 1, 2, 3, \cdots, 7$$

其中 w_j 为归一化了的权重系数，很显然 $0 \leqslant w_j \leqslant 1$，$\sum\limits_{j=1}^{m} w_j = 1$。

根据熵值法的计算，确定企业环境绩效每个指标的权重 $w_j(j = 1, 2, 3, \cdots, 7)$。

2. 资源类企业环境绩效评价指标权重具体确定

本文对四家江西省资源类上市公司进行了环境绩效评价，从而借此推断江西省资源类企业的整体环境绩效情况。本文对这四家上市公司 2012—2018 年的指标数据进行了相关整理，根据企业年报、社会责任报告、东方财富、新浪财经、企业相关网站、环保局官方网站等发布的监测数据，对评价指标进行搜索总结，得到如表 3-2～表 3-5 所示的原始数据。

表 3-2　江西铜业 2012—2018 年环境绩效各项评价指标原始数据

维度	指标	2012 年	2013 年	2014 年	2015 年	2016 年	2017 年	2018 年
财务维度	环保排污率/%	0.033 7	0.035 0	0.030 9	0.037 6	0.039 3	0.030 1	0.010 7
内部环境管理维度	是否通过 ISO14001 认证	0	1	1	1	1	1	1
	主要污染物是否达标排放	1	0	0	0	1	1	1
利益相关者维度	环境事故次数	0	8	4	3	0	0	0
	是否发布社会责任报告	1	1	1	1	1	1	1
学习与成长维度	研发投入率/%	1.57	1.32	1.17	0.92	3.30	1.20	1.35
	研发人员比重/%	5.97	6.34	7.03	3.10	7.01	13.41	27.91

表 3-3　赣锋锂业 2012—2018 年环境绩效各项评价指标原始数据

维度	指标	2012 年	2013 年	2014 年	2015 年	2016 年	2017 年	2018 年
财务维度	环保排污率/%	0.089 2	0.093 7	0.106 5	0.113 7	0.029 5	0.034 9	0.014 9
内部环境管理维度	是否通过 ISO14001 认证	0	0	0	1	1	1	1
	主要污染物是否达标排放	1	1	1	0	0	1	1
利益相关者维度	环境事故次数	0	0	1	1	4	0	0
	是否发布社会责任报告	0	0	0	0	0	0	0
学习与成长维度	研发投入率/%	3.54	4.39	4.36	4.56	1.15	0.87	5.44
	研发人员比重/%	12.53	7.72	5.45	6.88	11.51	5.77	7.85

表 3-4　方大特钢 2012—2018 年环境绩效各项评价指标原始数据

维度	指标	2012 年	2013 年	2014 年	2015 年	2016 年	2017 年	2018 年
财务维度	环保排污率/%	0.078 5	0.115 5	0.005 2	0.007 4	0.006 8	0.001 6	0
内部环境管理维度	是否通过 ISO14001 认证	1	1	1	1	1	1	1
	主要污染物是否达标排放	1	1	1	1	0	1	1
利益相关者维度	环境事故次数	0	0	0	0	2	5	0
	是否发布社会责任报告	1	1	1	1	1	1	1
学习与成长维度	研发投入率/%	0.14	0.25	0.25	0.21	0.35	0.37	0.39
	研发人员比重/%	5.04	5.00	5.00	1	0.68	0.91	0.87

表 3-5　新钢股份 2012—2018 年环境绩效各项评价指标原始数据

维度	指标	2012 年	2013 年	2014 年	2015 年	2016 年	2017 年	2018 年
财务维度	环保排污率/%	0.044 8	0.053 4	0.066 7	0.102 8	0.085 6	0.046 8	0.000 7
内部环境管理维度	是否通过 ISO14001 认证	0	0	0	0	1	1	1
	主要污染物是否达标排放	1	1	1	1	1	1	1
利益相关者维度	环境事故次数	0	0	0	1	0	0	0
	是否发布社会责任报告	0	0	0	0	0	0	0
学习与成长维度	研发投入率/%	0.89	0.77	0.77	0.86	0.58	0.86	2.42
	研发人员比重/%	12.78	15.76	14.61	20.34	20.51	22.16	16.45

采用极值处理法，对各项原始数据进行无量纲化处理，得到可统一计算的标准化数据，如表 3-6～表 3-9 所示。

表 3-6   江西铜业 2012—2018 年环境绩效各项评价指标标准化结果

维度	指标	2012 年	2013 年	2014 年	2015 年	2016 年	2017 年	2018 年
财务维度	环保排污率/%	0.195 8	0.150 3	0.293 7	0.059 4	0.000 1	0.321 7	1
内部环境管理维度	是否通过 ISO14001 认证	0.000 1	1	1	1	1	1	1
	主要污染物是否达标排放	1	0.000 1	0.000 1	0.000 1	1	1	1
利益相关者维度	环境事故次数	1	0.000 1	0.500 0	0.625 0	1	1	1
	是否发布社会责任报告	0.000 1	0.000 1	0.000 1	0.000 1	0.000 1	0.000 1	0.000 1
学习与成长维度	研发投入率/%	0.273 1	0.168	0.105 0	0.000 1	1	0.117 6	0.180 7
	研发人员比重/%	0.115 7	0.130 6	0.158 4	0.000 1	0.157 6	0.4156	1

表 3-7   赣锋锂业 2012—2018 年环境绩效各项评价指标标准化结果

维度	指标	2012 年	2013 年	2014 年	2015 年	2016 年	2017 年	2018 年
财务维度	环保排污率/%	0.248 0	0.202 4	0.072 9	0.000 1	0.852 2	0.797 6	1
内部环境管理维度	是否通过 ISO14001 认证	0.000 1	0.000 1	0.000 1	1	1	1	1
	主要污染物是否达标排放	1	1	1	0.000 1	0.000 1	1	1
利益相关者维度	环境事故次数	1	1	0.750 0	0.750 0	0.000 1	1	1
	是否发布社会责任报告	0.000 1	0.000 1	0.000 1	0.000 1	0.000 1	0.000 1	0.000 1
学习与成长维度	研发投入率/%	0.584 2	0.770 2	0.763 7	0.807 4	0.061 3	0.000 1	1
	研发人员比重/%	1	0.320 6	0.000 1	0.201 9	0.855 9	0.045 2	0.338 9

表 3-8　方大特钢 2012—2018 年环境绩效各项评价指标标准化结果

维度	指标	2012 年	2013 年	2014 年	2015 年	2016 年	2017 年	2018 年
财务维度	环保排污率/%	0.320 3	0.000 1	0.954 9	0.935 9	0.941 1	0.986 1	1
内部环境管理维度	是否通过 ISO14001 认证	0.000 1	0.000 1	0.000 1	0.000 1	0.000 1	0.000 1	0.000 1
	主要污染物是否达标排放	1	1	1	1	0.000 1	1	1
利益相关者维度	环境事故次数	1	1	1	1	0.600 0	0.000 1	1
	是否发布社会责任报告	0.000 1	0.000 1	0.000 1	0.000 1	0.000 1	0.000 1	0.000 1
学习与成长维度	研发投入率/%	0.000 1	0.440 0	0.440 0	0.280 0	0.840 0	0.920 0	1
	研发人员比重/%	1	0.990 8	0.990 8	0.073 4	0.000 1	0.052 8	0.043 6

表 3-9　新钢股份 2012—2018 年环境绩效各项评价指标标准化结果

维度	指标	2012 年	2013 年	2014 年	2015 年	2016 年	2017 年	2018 年
财务维度	环保排污率/%	0.568 1	0.483 8	0.353 6	0.000 1	0.168 5	0.548 5	1
内部环境管理维度	是否通过 ISO14001 认证	0.000 1	0.000 1	0.000 1	0.000 1	1	1	1
	主要污染物是否达标排放	1	1	1	0.000 1	1	1	1
利益相关者维度	环境事故次数	1	1	1	0.000 1	1	1	1
	是否发布社会责任报告	0.000 1	0.000 1	0.000 1	0.000 1	0.000 1	0.000 1	0.000 1
学习与成长维度	研发投入率/%	0.168 5	0.103 3	0.103 3	0.152 2	0.000 1	0.152 2	1
	研发人员比重/%	0.000 1	0.317 7	0.195 1	0.805 9	0.824 1	1	0.391 3

进而确定环境绩效维度和各项指标的具体权重，如表 3-10 所示。

表 3-10　资源类企业环境绩效各评价指标权重

维度	权重	指标	权重
财务维度 M_1	0.244 0	环保排污率 W_1	0.104 1
内部环境管理维度 M_2	0.242 3	是否通过 ISO14001 认证 W_2	0.040 5
		主要污染物是否达标排放 W_3	0.058 5
利益相关者维度 M_3	0.255 1	环境事故次数 W_4	0.013 5
		是否发布社会责任报告 W_5	0.707 4
学习与成长维度 M_4	0.258 6	研发投入率 W_6	0.060 4
		研发人员比重 W_7	0.015 7

第二节　江西省资源类企业环境绩效综合评价值计算

在确定了评价指标权重值和经过无量纲化的指标值的基础上，企业环境绩效综合评价值的计算公式如下：

综合评价值（T）＝M_1×W_1×该指标对应的标准化结果＋M_2×（W_2×该指标对应的标准化结果＋W_3×该指标对应的标准化结果）＋M_3×（W_4×该指标对应的标准化结果＋W_5×该指标对应的标准化结果）＋M_4×（W_6×该指标对应的标准化结果＋W_7×该指标对应的标准化结果）

根据上面提到的公式计算资源类企业要素层各个指标环境绩效得分，如表 3-11～表 3-14 所示。

表3-11 江西铜业2012—2018年要素层各个指标环境绩效得分

目标层	准则层	指标层	2012年	2013年	2014年	2015年	2016年	2017年	2018年
资源类企业环境绩效评价	财务维度 A_1	环保排污率 A_{11}	0.020 4	0.015 6	0.030 6	0.006 2	0.000 1	0.033 5	0.104 1
	内部环境管理维度 A_2	是否通过ISO14001认证 A_{21}	0.000 1	0.040 5	0.040 5	0.040 5	0.040 5	0.040 5	0.040 5
		主要污染物是否达标排放 A_{22}	0.058 5	0.000 1	0.000 1	0.000 1	0.058 5	0.058 5	0.058 5
	利益相关者维度 A_3	环境事故次数 A_{31}	0.013 5	0.000 1	0.006 8	0.008 4	0.013 5	0.013 5	0.013 5
		是否发布社会责任报告 A_{32}	0.000 1	0.000 1	0.000 1	0.000 1	0.000 1	0.000 1	0.000 1
	学习与成长维度 A_4	研发投入率 A_{41}	0.016 5	0.010 1	0.006 3	0.000 1	0.060 4	0.007 1	0.010 9
		研发人员比重 A_{42}	0.001 8	0.002 1	0.002 5	0.000 1	0.002 5	0.006 5	0.015 7

表 3-12　赣锋锂业 2012—2018 年要素层各个指标环境绩效得分

目标层	准则层	指标层	2012 年	2013 年	2014 年	2015 年	2016 年	2017 年	2018 年
资源类企业环境绩效评价	财务维度 A_1	环保排污率 A_{11}	0.025 8	0.003 2	0.001 1	0.000 1	0.013 4	0.012 5	0.015 7
	内部环境管理维度 A_2	是否通过 ISO14001 认证 A_{21}	0.000 1	0.000 1	0.000 1	0.040 5	0.040 5	0.040 5	0.040 5
		主要污染物是否达标排放 A_{22}	0.058 5	0.058 5	0.058 5	0.000 1	0.000 1	0.058 5	0.058 5
	利益相关者维度 A_3	环境事故次数 A_{31}	0.013 5	0.013 5	0.010 1	0.010 1	0.000 1	0.013 5	0.013 5
		是否发布社会责任报告 A_{32}	0.000 1	0.000 1	0.000 1	0.000 1	0.000 1	0.000 1	0.000 1
	学习与成长维度 A_4	研发投入率 A_{41}	0.035 3	0.046 5	0.046 1	0.048 8	0.003 7	0.000 1	0.060 4
		研发人员比重 A_{42}	0.015 7	0.005 0	0.000 1	0.003 2	0.013 4	0.000 7	0.005 3

表 3-13　方大特钢 2012—2018 年要素层各个指标环境绩效得分

目标层	准则层	指标层	2012 年	2013 年	2014 年	2015 年	2016 年	2017 年	2018 年
资源类企业环境绩效评价	财务维度 A_1	环保排污率 A_{11}	0.033 3	0.000 1	0.099 4	0.097 4	0.098 0	0.102 7	0.104 1
	内部环境管理维度 A_2	是否通过 ISO14001 认证 A_{21}	0.000 1	0.000 1	0.000 1	0.000 1	0.000 1	0.000 1	0.000 1
		主要污染物是否达标排放 A_{22}	0.058 5	0.058 5	0.058 5	0.058 5	0.000 1	0.058 5	0.058 5
	利益相关者维度 A_3	环境事故次数 A_{31}	0.013 5	0.013 5	0.013 5	0.013 5	0.008 1	0.000 1	0.013 5
		是否发布社会责任报告 A_{32}	0.000 1	0.000 1	0.000 1	0.000 1	0.000 1	0.000 1	0.000 1
	学习与成长维度 A_4	研发投入率 A_{41}	0.000 1	0.026	0.026 6	0.016 9	0.050 7	0.055 6	0.060 4
		研发人员比重 A_{42}	0.015 7	0.015 6	0.015 6	0.001 1	0.000 1	0.000 8	0.000 7

表 3-14　新钢股份 2012—2018 年要素层各个指标环境绩效得分

目标层	准则层	指标层	2012 年	2013 年	2014 年	2015 年	2016 年	2017 年	2018 年
资源类企业环境绩效评价	财务维度 A_1	环保排污率 A_{11}	0.059 1	0.050 4	0.036 8	0.000 1	0.017 5	0.057 1	0.104 1
	内部环境管理维度 A_2	是否通过 ISO14001 认证 A_{21}	0.000 1	0.000 1	0.000 1	0.000 1	0.040 5	0.040 5	0.040 5
		主要污染物是否达标排放 A_{22}	0.058 5	0.058 5	0.058 5	0.000 1	0.058 5	0.058 5	0.058 5
	利益相关者维度 A_3	环境事故次数 A_{31}	0.013 5	0.013 5	0.013 5	0.000 1	0.013 5	0.013 5	0.013 5
		是否发布社会责任报告 A_{32}	0.000 1	0.000 1	0.000 1	0.000 1	0.000 1	0.707 4	0.707 4
	学习与成长维度 A_4	研发投入率 A_{41}	0.010 2	0.006 2	0.006 2	0.009 192 88	0.000 1	0.009 2	0.060 4
		研发人员比重 A_{42}	0.000 1	0.005 0	0.003 1	0.012 7	0.012 9	0.015 7	0.006 1

最后，通过计算可以得到环境绩效综合得分，如表 3-15～表 3-18 所示。

表 3-15 江西铜业 2012—2018 年环境绩效综合得分

准则层	2012 年	2013 年	2014 年	2015 年	2016 年	2017 年	2018 年
财务维度	0.005 0	0.003 8	0.007 5	0.001 5	0.000 1	0.008 2	0.025
内部环境管理维度	0.004 9	0.003 8	0.007 4	0.001 5	0.000 1	0.008 1	0.025 2
利益相关者维度	0.003 5	0.000 1	0.001 8	0.002 2	0.003 5	0.003 5	0.003 5
学习与成长维度	0.004 7	0.003 2	0.002 3	0.000 1	0.016 3	0.003 5	0.003 5
综合得分 T	0.018 1	0.010 9	0.019 0	0.005 3	0.020 0	0.023 3	0.057 2

江西铜业 2012—2018 年环境绩效综合得分处于波动上升趋势，但情况十分不稳定，如从 2013 年的 0.010 9 突飞达到 2014 年的 0.019 0，又从 0.019 0 迅速跌落至 2015 年的 0.005 3。财务、内部环境管理、学习与成长维度的情况也大致如此，说明江西铜业近年来虽然在逐渐注重环境保护，但是对环境保护的投入不稳定，环保意识依旧不够强，所以才会导致波动性如此之大。

表 3-16 赣锋锂业 2012—2018 年环境绩效综合得分

准则层	2012 年	2013 年	2014 年	2015 年	2016 年	2017 年	2018 年
财务维度	0.006 3	0.000 8	0.000 3	0.000 2	0.003 3	0.003 1	0.003 8
内部环境管理维度	0.014 2	0.014 2	0.014 2	0.009 8	0.009 8	0.003 0	0.003 8
利益相关者维度	0.003 5	0.003 5	0.002 6	0.002 6	0.000 1	0.003 2	0.004 0
学习与成长维度	0.013 2	0.013 3	0.011 9	0.013 4	0.004 4	0.003 2	0.004 1
综合得分 T	0.037 2	0.031 8	0.029 0	0.026 0	0.017 6	0.012 5	0.015 7

赣锋锂业近 7 年环境绩效综合得分处于下降趋势。综合得分下降的主要原因是内部环境管理维度和学习与成长维度得分下降，再结合表 3-12 不难发现，赣锋锂业研发人员比重下降是导致学习与成长维度得分下降的关键因素。由此可见，赣锋锂业近年来不够注重人才的引进，因此，没有为企业带来足够多的新想法与新技术，提升企业的创新力。

表 3-17　方大特钢 2012—2018 年环境绩效综合得分

准则层	2012 年	2013 年	2014 年	2015 年	2016 年	2017 年	2018 年
财务维度	0.008 1	0.000 1	0.024 3	0.023 8	0.023 9	0.025 1	0.025 4
内部环境管理维度	0.014 2	0.014 2	0.014 2	0.014 2	0.000 1	0.014 2	0.014 2
利益相关者维度	0.003 5	0.003 5	0.003 5	0.003 5	0.002 1	0.003 5	0.006 8
学习与成长维度	0.004 1	0.010 8	0.010 9	0.004 7	0.013 1	0.026 6	0.026 9
综合得分 T	0.029 9	0.028 6	0.052 9	0.046 2	0.039 2	0.069 4	0.073 3

从表 3-17 可以看出方大特钢 2012—2018 年环境绩效综合得分处于整体上升趋势，说明近年来，方大特钢在提升业绩的同时也在注重环境的保护。我们通过各维度的得分比较发现，方大特钢环境绩效综合得分上升主要是因为财务维度和学习与成长维度得分上升，说明其近几年加大了研发力度，而且排污费用也在减少，证明环保措施取得了一定成效。

表 3-18　新钢股份 2012—2018 年环境绩效综合得分

准则层	2012 年	2013 年	2014 年	2015 年	2016 年	2017 年	2018 年
财务维度	0.014 4	0.012 3	0.009 0	0.000 1	0.004 3	0.013 9	0.025 4
内部环境管理维度	0.014 2	0.014 2	0.014 2	0.000 1	0.024 0	0.024 0	0.024 0
利益相关者维度	0.003 5	0.003 5	0.003 5	0.000 1	0.003 5	0.183 9	0.183 9
学习与成长维度	0.002 7	0.002 9	0.002 4	0.005 7	0.003 4	0.006 4	0.017 2
综合得分 T	0.034 8	0.032 9	0.029 1	0.006 0	0.035 2	0.228 2	0.250 5

从表 3-18 可以发现，新钢股份 2012—2018 年环境绩效综合得分处于整体上升趋势，各个维度的得分也处于整体上升趋势，说明新钢股份近年来越来越注重环境保护，环保工作也做得比较好。从表 3-14 中可以看出，2018 年研发人员比重得分大大低于 2017 年，因此新钢股份还应更加注重人才吸引，吸收更多的研发人员，借此达到环境保护和企业业绩增长的双赢局面。

第三节　标杆企业环境绩效综合评分计算

为了更好地评估江西省资源类企业的环境绩效，本文选取了三家环保方面做得较好的标杆资源类企业，选取标准为是否上榜工业和信息化部

（以下简称"工信部"）发布的"绿色工厂"名单，并对这三家资源类企业进行环境绩效评价，然后与江西省资源类企业进行比较。

1. 云南铝业

云南铝业股份有限公司（以下简称"云南铝业"）于 1998 年 3 月 20 日正式成立，同年 4 月 8 日"云铝股份"股票在深交所上市。云南铝业是国家重点扶持的 14 家铝企业之一，先后获得"全国五一劳动奖章""中国最具发展潜力上市公司 50 强""云南省高新技术企业""全国绿化先进单位"等荣誉。2005 年，公司被评为全国有色金属行业第一家"国家环境友好企业"（指经济效益突出、资源合理利用、环境清洁优美的企业典范，在清洁生产、污染治理、节能降耗、资源综合利用等方面都处于国内领先水平），同时，被中央文明办授予"首届全国文明单位"的荣誉称号，是中国"绿色低碳水电铝"发展的践行者。2006 年获得"第四届中华环境奖企业环保优秀奖"，2017 年云南铝业上榜工信部首批"绿色工厂"示范名单。

2. 鞍钢股份

鞍钢集团（以下简称"鞍钢股份"）于 2010 年 5 月由鞍山钢铁集团公司和攀钢集团有限公司联合重组而成。鞍钢集团始终把履行社会责任放在突出位置，坚持节约能源、保护环境，不断推动企业的可持续发展，打造绿色责任央企。2013—2015 年连续三年获得"节能减排优秀企业"称号，2013 年及 2016—2018 年获得"金蜜蜂优秀企业社会责任报告"。2017 年，鞍钢股份上榜工信部首批"绿色工厂"示范名单。

3. 中铝股份

中国铝业股份有限公司（以下简称"中铝股份"）成立于 2001 年 9 月 10 日，是国务院国有资产监督管理委员会下属中国铝业集团有限公司的控股子公司，是中国铝行业中的龙头企业，全球第一大氧化铝和精细氧化铝生产商与供应商、第二大电解铝生产商。公司主营业务包括：铝土矿资源勘探和开采，氧化铝、原铝、铝合金产品的生产和销售以及相关领域的技术开发、技术服务，发电业务，煤炭资源勘探、开采和经营，贸易，赤泥综合利用产品的研发、生产和销售等。中铝股份 2008 年获得"第五届中华环境奖企业环保优秀奖"，2010 年获得"生态中国贡献奖"，"十一五"中央企业节能减排优秀企业等奖项，中铝股份在 2018 年上榜工信部第三批"绿色工厂"示范名单。

通过上述公式计算可以得到三家标杆企业的环境绩效综合得分，如

表 3-19～表 3-21 所示。

表 3-19 云南铝业 2012—2018 年环境绩效综合得分

准则层	2012 年	2013 年	2014 年	2015 年	2016 年	2017 年	2018 年
综合得分 T	0.079 1	0.085 0	0.070 7	0.082 4	0.086 1	0.094 1	0.100 3

表 3-20 鞍钢股份 2012—2018 年环境绩效综合得分

准则层	2012 年	2013 年	2014 年	2015 年	2016 年	2017 年	2018 年
综合得分 T	0.062 5	0.069 6	0.075 1	0.073 3	0.082 4	0.091 5	0.095 5

表 3-21 中铝股份 2012—2018 年环境绩效综合得分

准则层	2012 年	2013 年	2014 年	2015 年	2016 年	2017 年	2018 年
综合得分 T	0.065 8	0.073 6	0.075 4	0.072 8	0.089 2	0.105 4	0.097 8

借此两家标杆企业求得平均得分，作为资源类企业环境绩效衡量标准，如表 3-22 所示。

表 3-22 资源类企业 2012—2018 年环境绩效平均综合得分

准则层	2012 年	2013 年	2014 年	2015 年	2016 年	2017 年	2018 年
综合得分 T	0.069 1	0.076 1	0.073 7	0.076 2	0.085 9	0.097 0	0.097 8

从表 3-15～表 3-18 和表 3-22 的对比可以看出，除了新钢股份 2017 年和 2018 年环境绩效表现优异以外，江西省四家资源类企业的环境绩效得分没有一年是高于标杆企业平均综合得分的。由此可见，江西省资源类企业环境绩效总体情况较差，离标杆企业相差较远，保护环境、绿色发展的意识依旧不够。

通过对四家江西省资源类上市公司的业绩评价，可以推断江西省资源类企业近年来虽然资产规模不断扩大，营业利润、经济增加值也在不断增加，但是，资源类企业在不断发展的同时也给江西的生态环境带来了一系列的影响。从四家资源类上市公司环境绩效的评价中可以发现，连行业佼佼者的上市公司在环境保护、绿色发展等方面都做得不够，更何况数量巨大的，各方面都无法和上市公司相比较的中小型资源类企业。可以看出，资源类企业在一定程度上损害了环境，也在一定程度上违反了可持续发展和绿色发展的原则，因此，江西省资源类企业对保护环境、可持续发展和绿色发展的需要迫在眉睫。

第 四 章

创新能力与江西省资源类
企业业绩关系的研究

第一节 创新能力与企业业绩的界定

一、创新的内涵

伴随着人类文明的不断进步，物质资本从人类的历史上逐渐过渡到智力资本。"创新"俨然成为人类最为热衷的话题之一。随着人类对创新需求的日益增长，这种现象仍然会持续下去。走近西方的创新理论，可知创新理论经历过三个阶段，分别是熊彼特阶段（1912—1950 年）、新熊彼特阶段（1951—1970 年）、繁荣发展阶段（1971 年至今），每个阶段对于创新的内涵都有不同的界定。

对文献的梳理总结可知，自 20 世纪 90 年代以来，"创新"的观念开始被逐渐归类和趋同，大致存在四种类别：

1. "产品观"

该观点认为创新的意义在于诞生出新产品。比如，支持这种观点的 Kelmetal （1995）与 Kochhar 和 David （1996）分别以华尔街期刊索引所得到的新产品的数据以及各种组织宣传出来的新产品数量来衡量组织创新的绩效成果。

2. "过程观"

该观点认为创新是一系列的阶段和过程。比如支持此观点的学者 Jah-annessens 和 Dolva（1994）认为创新是通过运用知识及相关信息来创造出新的有用的东西。Scott 和 Bruce（1994）则从发现问题、认识问题和解决问题等多角度来定义创新。

3. "产品过程观"

该观点认为创新具有过程和结果的双重属性。如 Doughert 和 Bowman（1995）与 Lumpkin 和 Dess（1996）认为创新既是一项烦琐的解决问题的过程，同时也是公司将其新概念、新思想运用于新产品及新服务的结果。

4. "多元观点"

该观点认为创新既包括技术方面的创新，同时也包含管理方面的创新。例如，Rubbins（1996）认为创新是将新的概念运用于一项新产品或现有产品的生产中。这包括新产品，运用新的技术、新的管理方法以及新的制度模式等。又如，Russell（1995）则以过去三年中企业所在的市场、生产的产品、使用的系统及管理方式等方面的激进及非线性增长来定义创新。

综上所述，创新既包含创意，也包含发明。创新是产生新思维，研究、试验和开发并推广新产品的活动集合体。创新既是一种不断拓宽思维并付诸实践的行为艺术，也是一种令创新意识成为实用化和商业化的发明专利的过程。

二、创新能力的定义

基于创新内涵的趋同和归类，许多学者也开始对创新能力展开界定。比如，艾米顿认为创新包括三个阶段：发明、转化、商业化。基于这种观点，他将企业的创新能力定义为企业中创造、转化和商业化这三大过程相互产生、融合并付诸实践的能力。在其作品《知识经济的创新战略：智慧的觉醒》一书中，他曾具体地表达过企业的创新能力有三类，包含产生新思维的能力、运用实施好新思维的能力，以及将新思维商业化形成企业的产品和服务的能力。

舒辉（2003）从熊彼特的观点出发，对创新能力进行界定，从熊彼特的"创新是生产要素新的组合"衍生出"创新能力是企业对其生产要素进行创造性的集成的能力"。

李金明（2001）认为，创新是多方面的，不仅仅只有技术领域的突破，它既是一种能力的体现，也是一种制度和文化。他认为企业的创新能力是企业采用开拓性的思维将现有的资源进行充分的利用。他将创新能力界定为"企业根据市场的潮流趋势，对企业的人力、资源、组织结构及其他方面进行优化，不断完善企业的体系及技术的能力"。

综合学者们的观点，企业的创新能力是指企业构建创新系统，并对其展开运用的综合能力。企业通过运用所产生的新思维、新概念，将其融入企业的运营体系，通过在优化管理、升级技术、文化革新、制度改革等方面提升企业的运营效果，为企业创造收益、提高效率，从而提高其市场竞争力，以实现企业战略目标。

三、创新能力的内容

基于熊彼特的创新理论，后来的学者衍生出了创新能力理论，将其内容发展成为若干个分支，其中主要包括：管理创新能力理论、技术创新能力理论、制度创新能力理论、文化创新能力理论，如图 4-1 所示。

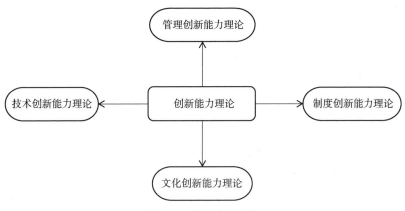

图 4-1　创新能力理论

1. 创新能力——管理创新能力

管理创新能力最先被约瑟夫·熊彼特提及，他提出生产就是把所能支配的原材料和力量进行组合，而创新能力就是将这些要素重新组合。熊彼特描述的创新能力可归为三类，分别是技术创新、市场创新和组织创新。熊彼特所提及的创新区域基本都涉及管理创新能力，但未对其进行界定。后来，Stata（1989）首次提出管理创新能力的重要性后，激发了学术界的探讨。

国外学者对于管理创新能力的研究具有代表性的观点有：Damanpou
(1987) 认为管理创新能力是企业在生产运营、供应量管理、质量管理等
方面依据管理心得进行改善优化，或是凭借新的理念来改变组织结构的能
力。Abrahamson (1997) 提出管理创新能力是企业为了平衡输入和输出之
间的关系而对组织结果和文化进行变革的能力。米切尔·汉默和詹姆斯·
钱皮 (1993) 认为，管理创新能力的关键点是再造，是指企业为了提升业
绩，对其组织结构、运营流程、核心文化进行全方位地更新和再造的
能力。

国内学者对于管理创新能力的研究具有代表性的观点有：芮明杰
(1994) 认为企业的管理创新能力是为了更好地整合企业内部的资源，使
企业的责任和目标能够更好地实现。常修泽 (1994) 认为，管理创新能力
是企业在运营层面的体现，即采用新的管理方法来降低企业运营成本的能
力。苏敬勤和林海芬 (2010) 两位学者则对管理创新能力有着不同的看
法，他们认为管理创新能力是由一系列步骤形成的。首先是组织在生产运
营的过程当中遇到了一些需要解决的现实问题，通过自主创新或从外部引
进方法，逐渐修正，然后使组织资源利用更充分和组织管理更加高效。

综上所述，管理创新能力是指企业能够运用新思维，在行业当中率先
采用新的管理办法、运用新的管理技术来优化企业的组织结构、管理水
平，针对客户的需求对企业内部管理进行改善，从而提升企业业绩的
能力。

2. 创新能力——技术创新能力

技术创新能力的理论观点，最先的起源仍然是约瑟夫·熊彼特。1912
年，在其德文著作《经济发展理论》中，他提及技术创新能力不断地去丰
富人类社会的生活，并且作用于人类社会的生活。在约瑟夫·熊彼特之
后，管理学、经济学、科技政策等领域的专家从不同的角度对技术创新能
力给予不同的界定。至今，对于技术创新能力概念的表述依然很多，主要
集中于外国学者。

早期提出技术创新能力并且具有代表性的当属索罗 (D. C. Solo,
1951)。他认为，技术创新能力的实现需要依托两方面的条件。首先是组
织产生了新的思想，再者是对新思想的开展和实施运用。这对后期技术创
新能力的界定具有重要的意义。

在这之后，又有很多学者相继对技术创新能力的概念展开了研究。伊诺思（1962）认为，技术创新能力是组织当中很多行为模式综合的一种能力。这其中包含的组织行为有创造发明、规划方案、招聘工人、投入运营和开拓新市场等。

林恩（G. Lynn）则是从组织创新过程中的时刻表来界定技术创新能力的。他认为，技术创新能力就是组织预判到了某项新技术的潜力，将其开发并商业化，运用于企业生产运营过程中的能力。

弗里曼（C. Freeman，1973）认为技术创新能力在经济学的意义是技术向商业的首次转化，这其中包括新产品、新过程、新系统和新装备等形式。从经济学的角度出发，他认为技术创新能力的产物是首次实施运用，并且已经标准化的创新举措。

斯通曼（P. Stoneman）是基于对数理模型的研究来界定技术创新能力。他认为，技术创新是将一项研究发明运用到企业的生产运营系统中并不断调整使其商业化达成交易的过程。基于此，他对技术创新能力的界定为：技术创新能力是在市场当中开拓新型产品及其工艺的能力。

缪尔塞（R. Mueser）在20世纪80年代中期认为技术创新能力是基于构思的新颖来提高企业运作的能力，技术创新是一个非连续的极具创造意义的过程。

结合以上学者们的观点，可以将技术创新能力界定为企业在生产运营的过程中，以期对市场能够占有更大份额，运用其创新思维，实现新产品、新工艺的开发，将其实施到企业的运营生产，从而在市场中提升企业业绩的创新能力。

3. 创新能力——制度创新能力

制度创新能力的概念最早是由美国的经济学家戴维斯（Lance Davis）和诺思（Doouglass C. North）提出的。1971年，在作品《制度变革和美国经济增长——走向制度创新理论的第一步》中，他们提出制度创新能力是对现成制度进行改变，从而使企业在原有的基础上获得附加的潜在利益的能力。

之后，又有不少学者对其概念进行研究。其中具有代表性的观点有为速水与拉坦（1980）将其定义为一个组织对其行为规范进行变革的能力，是指一个组织为了适应其所在的环境，对其行为规范以及与环境之间的关系进行转换的能力。

科斯（1991）则是基于企业成本的角度来考虑企业的制度创新能力的。他认为，当企业对制度实行转换时，只有当转换带来的收益大于转换的成本时，制度创新能力的实现才是有意义的。他认为，制度创新能力是企业面对社会格局时，采取一些举措来改善现行的运行机制，从而使企业的预期变革收益超过实施变革边际成本的能力。

诺思（1996）站在创新源泉的角度对制度创新能力进行了界定。他指出，企业在生产运营的过程中存在很多负面的影响，例如规模经济的巨大成本、市场厌恶、产品滞销等，制度创新能力就是能够克服这些障碍，使企业获得潜在收益的能力。

结合戴维斯（Lance Davis）和诺思（Doouglass. C. North）（1971）关于制度创新能力最早期的思想，即认为制度创新能力是组织通过变革现存制度来令其获得潜在收益的能力，以及后期基于此所展开的研究，可将制度创新能力大致界定为：企业组织以新的概念来指导现有的制度规章，通过制定新的行为制度来平衡企业组织间的关系，以更好地实现其价值目标的能力。

4. 创新能力——文化创新能力

文化创新能力是企业创新能力的一部分，主要作用于企业的价值观层面，这其中又分为广义的文化创新能力和狭义的文化创新能力。广义的文化创新能力包括对组织精神、行为以及物质层面进行革新的能力；狭义的文化创新能力，往往是指对组织的价值观进行重塑。国内外的学者对此均有研究。

国外方面，比较具有代表性的观点有：Boronat（1992）认为，企业文化创新能力是指为了令企业的创新思想达到最大限度而形成的一种自发创新的行为模式的能力。Li（2006）等认为企业文化创新能力是指企业倾向于研发新品、试验创新的组织导向能力。Cao G.，Clark S.，Lehaney B.（2001）等人则认为企业文化创新能力是指企业为了适应市场环境的变化，从多个维度对企业的价值观念、行为方式、群体意念、精神需求等进行革新，从而更好地达成企业目标的能力。

国内方面，姜岩（2005）是基于文化学习的角度来定义文化创新能力，认为文化创新能力就是基于自有的文化基础上，面对市场发展的经济形势，借鉴国外的优秀文化去粗取精，培育企业以人为本的核心价值观的能力。邢以群（2006）认为企业的文化创新能力体现在企业内部价值理念的动态演变的过程，认为其是企业共同价值观的转化。徐向农（2007）从公司战略管理的角度出发，认为文化创新能力是企业实现战略目标的基础，将企业新的价值理念、群体意识融入企业的文化价值体系，从而获得为企业创造更大价值的能力。孙晓光（2006）和袁清媛（2008）则是站在企业绩效的角度来定义文化创新能力的，认为文化创新能力是企业重新构建企业的价值理念，在思想上产生共鸣、重塑企业精神文明活动的能力。马晓苗（2013）则认为企业的文化创新能力是企业在飞速发展的市场环境下，不断优化企业经营管理的能力。

综合国内外专家学者的观点，可将企业的文化创新能力定义为：当原先的文化难以适应现行的市场环境，企业根据自身处境，在企业精神、企业制度、企业行为、企业物质文化等方面进行相应的协同创新，从而实现长期发展的能力。

第二节　创新能力对企业业绩影响的理论

一、管理创新能力对企业业绩的影响

一般而言，企业开展经营活动的最终目标都是为了提升企业的业绩。关于企业的管理创新能力对企业业绩的影响，有很多学者展开了深入研究。总结研究成果，大致可以分为两种观点。

第一种观点代表着大多数学者的看法，认为企业的管理创新能力与企业业绩之间呈现正向相关关系，企业可以凭借其来提高企业的管理效率、生产力以及加强质量监管等，从而提升企业市场竞争力，获得更好的企业业绩。

其中有很多具有代表性的观点，如杨占辉（1995）曾立足于经济转型、国企发展、技术革新三方面来阐述管理创新能力对于国企业绩发展的重要性。在其作品《关于体制转型时期加强企业管理的探讨》中，他指出企业大力发展管理创新能力，可以促进建设社会主义市场经济体制。管理创新能力更是国企长期发展的重要基础，随着经济技术的进步，国企发展的中心将逐渐转向高新技术企业。高新企业的发展是一场信息化的革命，对企业的管理能力和创新能力方面均有所要求。企业若要获得市场竞争力，则需要凭借其出色的管理创新能力制定出适宜的管理模式、管理制

度、管理方法。

赵公民则是从企业的角度出发，从企业对于管理创新的需求以及其供给状况来阐明企业提高管理创新能力的必要性和紧迫性。从需求的角度分析，管理是决定着国企未来发展的重要环节，过往我国管理环节的薄弱导致企业的效率偏低、成本过高。如今，日益发展的管理环境和全新的市场竞争格局要求国有企业拥有更好的管理水平。从供给的角度分析，高新技术产业的发展、科技的进步，既加大了国企对于管理创新的需求，同时，也为管理创新能力的提高打下了更坚实的基础。例如，财务共享服务中心的建立以及5G网络的加速建设，将使我们拥有更加先进的管理手段。基于此，赵公民认为就提升国有企业的经营业绩而言，提升管理创新能力是紧迫且必要的。

王建民（2003）从四个角度分析了管理创新能力对企业业绩的影响，他在作品《企业管理创新理论与实务》中指出，管理创新能力实则是建立一种新型的资源整合方式，使企业原有的资源能够得以更加有效地利用，从而创造更大的企业价值。另外，企业通过管理创新能力能够提高其整体的协调性和有序性。在市场经济的快速发展中，企业拥有较强的凝聚力才可以推动其稳定健康地发展，然后，管理创新能力也是企业提高核心竞争力的关键要素之一，企业的发展不仅需要依靠技术，而且管理创新能力对于企业资源的整合以及它的不可模仿性，也成了提高企业竞争力的重要因素。最后，管理创新能力能够帮助企业形成企业家阶层。企业的管理将会更多地从技术专家转向管理专家，从而实现二权分离，帮助企业更好地成长，提升其业绩。

第二种观点是少数学者所持的观点，他们认为管理创新能力很难把控，其过度存在或者运用不足甚至会对企业的经营业绩产生负面的影响。这其中比较有代表性的是几位外国学者的观点。

Naveh（2006）等认为，企业的管理创新能力与企业业绩之间属于一种非线性关系。如果前者没有达到一定程度的实施力度，反而会弱化企业的业绩表现。因为，如果不能够充分地内化管理创新能力的实施效果并将其转变为企业的生产力，那么企业的运营模式不会发生根本性的变化，管理创新能力此时难以改变企业的运营绩效。但与此同时，管理创新过程的实施成本，例如员工培训的时间成本、培训专家的聘用成本及新生产方式的试运营成本等都会对企业的业绩带来负面影响。而如果企业过度实施管理创新能力，则往往会打断企业员工工作的持续性，在短期加大工作难度，增加员工的个人负担及企业的非生产性投入。

Corbett（2005）等则是从企业的具体实例出发的，认为如果其过度运用管理创新能力，例如部分企业存在过度实施 ISO9000 质量标准的现象，其结果就是会在组织内形成官僚障碍，降低了组织的弹性，对企业业绩形成负面影响。

综合上述观点，企业的管理创新能力对于提升企业业绩普遍存在显著的正向作用，但管理创新的实施强度一旦不够会弱化组织绩效的影响。此外，过度实施也会恶化组织绩效。所以，企业若要通过运用管理创新能力来提升企业的经营业绩，则必须控制管理创新的力度。

二、技术创新能力对企业业绩的影响

关于技术创新能力对企业业绩的影响，学术界普遍认为二者呈现正向关系，这种观点最早要追溯到熊彼特及其著作中关于"创新"概念的提及。近年来，随着国家和社会对生态文明重视程度的提高，绿色技术创新成了企业技术创新能力的重要支柱，越来越多的学者开始研究绿色技术创新与企业业绩之间的关系。

自创新一词出现在熊彼特的著作《经济发展理论》中，他又从动态的角度出发，相继提出技术创新能力是决定经济增长的重要因素，认为经济发展的重要来源在于产品生产技术的不断革新和更替。另外，他指出，技术创新就是在原先的基础上设立一个新型的生产函数，将新的生产要素和生产条件加入原有的生产体系中，使之成为一个新的生产组合。

基于熊彼特的观点，索洛（1957）将技术创新能力加入传统的生产函数，建立了新型古典经济增长模型，得出的结论是：经济增长除资本和劳动这两大常见且易于解释的因素外，技术创新能力也是促进经济增长的重要因素之一。

阿罗（1962）提出了一种"干中学"理论，他认为企业生产在流转运营的过程中，不断地进行技术革新，不断地积累经验，会形成一种循环。这既能扩大企业的知识积累，又能提高产品的生产效率，将技术创新能力提高企业业绩的作用内生化。

罗默（1986）从经济学的角度出发，认为技术创新的外部性可以有效地保证产出相对资本弹性大于 1，论证了技术创新能力是经济增长的核心要素。

Aghion 和 Howitt（1992）则是从熊彼特关于创新的创造性破坏过程出发，认为技术创新起源于研究部门之间的竞争关系，技术创新能力会引起经济的增长。

随着诸多企业开始走绿色发展的路线，我国学者也围绕绿色技术创新对企业业绩的影响方面进行了大量的研究工作，普遍认为绿色技术创新能在一定程度提高企业的经营业绩。

李萍（2009）对低碳板块上市公司开展研究，提出了在低碳经济背景下实施技术开发活动能够推动企业利润的增长。

张成（2010）等提出，我国企业基于环境制度的制约而激发出的"创新补偿"效应，不仅能够弥补"遵循成本"，还能提高企业生产运营的效率，提升企业的竞争力和业绩。

任家华（2012）指出，企业发展绿色创新实施低碳管理，能够加强资源的循环利用，提高资源利用率，同时，也顺应了国际市场的发展潮流，可以提升我国企业的国际竞争力，从而提升业绩。

综上所述，技术创新能力是提升企业业绩的关键因素。经济增长的研究理论进程表明，现阶段的经济增长理论中劳动和资本将不再是主导的影响因素，技术创新才是企业业绩增长的源泉与核心驱动力。江西省资源类企业正在转变发展战略，逐渐由粗放型转变成集约型，走向绿色技术创新。国内外学者大多数的意见是，实施绿色技术创新能够提高企业的资源利用率，减少污染治理成本，从而提升业绩。

三、制度创新能力对企业业绩的影响

关于制度创新能力和企业业绩之间的关系，现有的学者鲜有观点，但纵观学者关于制度环境和业绩之间的研究，仍然不难窥探出制度创新与企业业绩之间的关系。

Baumol（1990）曾在其建立的 Baumol 模型中将制度创新的因素引入到创业分析中。他将创新后的制度喻为新型的游戏规则，认为其决定了创业活动中的相对关系，制度创新能力是经济增长的重要决定因素。

潘镇（2008）等曾从法律的角度来探究制度创新能力对上市公司股东行为的作用效果，他指出，制度创新所形成的完善的法律环境是形成上市公司股东利益的重要前提。

程仲鸣（2009）等从政府管控的角度出发，认为政府对制度的调节能够正向地作用于上市公司的投资决策，从而影响企业业绩。

陈建波（2013）通过对上市公司中制度创新能力与企业业绩之间的关系展开研究后提出，政府干预和法律环境的水平等因素形成的制度创新能力对企业提升业绩有着显著的正向作用。

桑大伟（2012）等认为，认知环境和规章制度对于大学生创业的综合绩效具有显著的正向相关关系，尤其是制度创新能力的优劣更是能否提升创新创业绩效的关键。

丁晓宇（2013）通过研究制度环境与国际创业绩效的关系发现，在经济转型的过程中，制度创新能力扮演着重要的角色，可以完善国家的制度体系，从而提升国际创业绩效。

陈寒松、张凯和朱晓红（2014）认为，企业利用制度创新能力塑造好的制度环境，能够在支持和鼓励的积极气氛中开展创新创业活动，提升创新创业的效率。

高照军（2014）等提出，对于高新区的企业而言，目前正处于一种国内外相结合的制度环境中，此时，若通过制度创新能力来探索合法性的创新创业活动，将有助于提高其创新创业绩效。

以上学者们的观点普遍认为，好的制度环境有助于提升企业或单位的绩效。即制度创新与企业业绩之间存在关联，正向的制度创新有助于企业业绩的提升。

四、文化创新能力对企业业绩的影响

企业文化象征着一个企业中所有员工的共同价值观，规范了企业追求的目标。国外的专家学者普遍认为，文化创新能力对于企业而言很重要，而卓越的企业文化有助于夯实和提高企业业绩。

Schein（1990）认为，一方面，企业的文化创新能力有助于企业去适应外部市场环境的改变；另一方面，也对组织内的要素进行了整合，能够促进企业运营效率的提高，提升企业业绩。

Brocman 和 Morgan（1998）提出，员工在企业当中需要对文化创新活动积极参与，通过激励员工参与企业的文化创新活动，方能提高员工的工作积极性和对知识的创造性，这能在很大程度上提高企业的创新绩效。

Goffrey（1998）从对 3M 公司的调查研究中得出结论，认为企业的文化创新能力是企业可持续发展的重要因素，可以提升企业的创新绩效。

Guthridge（2008）等研究后认为，世界上一些知名企业之所以能够取得出色的企业业绩，离不开高级管理者对于企业文化的掌控。他们往往具备非凡的文化创新能力，可以帮助企业形成优质的文化底蕴，重视企业整体的团队意识、客户需求、合作精神等。

Schlegelmilchetal（2003）认为，企业文化、资源、人力和进程是关乎企业战略创新的四大因素。与之不谋而合的还有克雷文斯（2003），他总结了企业能够创新成功的五大因素，即：建立有效的发展进程、选择正确的创新策略、合理使用能力、正确利用资源，以及创立一个与众不同的企业文化，克雷文斯认为最后一点，即与众不同的企业文化才是核心要素。

Kalay& Lynn（2015）认为，鼓励冒险、奖赏成功、实验自由等都是优质的创新文化特征，这些文化创新点都能够直接地作用到企业的创新创业绩效中。

国内学者的观点和国外学者普遍趋同，认为企业的文化创新能力能对企业业绩产生正面的影响。

王待遂（2007）提出优质的企业文化环境是企业开展技术创新活动的基石，企业的文化也是创新活动的引擎的观点，同时，创新活动也能够有助于塑造优质的企业文化，二者相辅相成，有助于提高企业的经营业绩。

谢洪明（2007）等认为，文化创新能力影响着企业的运营发展，良好的企业文化氛围对一个企业的发展而言有积极的作用，能够形成一个好的良性循环，能让企业创新出适合时势发展的组织结构体系，提升企业的创新绩效，为企业的长久发展打好基础。

周应堂（2013）等认为，企业的文化创新能力能够为企业打造一个好的文化基础，企业文化各要素影响着整个创新的过程。另外，企业的创新过程也会对企业的文化创新能力产生影响，决定企业文化的发展方向。二者之间的相互影响促使企业在创新的过程中需时刻注重企业文化的建设，不断增强两者的相互作用，从而提升企业的创新绩效。

沈杨（2015）的研究指出，组织创新氛围中主管的支持和组织的支持所形成的文化创新能力，对于员工的绩效提高起到显著的正向相关作用。

结合国内外专家学者们的观点可认为，企业的文化创新能力是形成优秀的企业文化的重要基石，优质的企业文化可以使员工对企业产生归属感和认同感，可以指导员工个人目标和理想，关注企业目标和理想，努力实现共同的愿景，从而形成企业核心竞争力，提升企业的经营业绩。

第三节　创新能力与企业业绩关系的实证研究

一、管理创新能力与企业业绩的实证研究

关于管理创新能力与企业业绩之间关系的实证研究主要集中在国内。大部分的实证研究表明，企业的管理创新能力能够提升企业的经营业绩。另外，还有一种观点，即企业的管理创新能力能够通过影响企业经营过程中的其他方面，从而间接地影响企业的经营业绩。

刘立波、沈玉志（2015）等在理论研究的基础上建立了基本假设来探究管理创新能力与企业业绩之间的关系，以实地访查的形式发放调查问卷，然后利用结构方程模型对回收的 162 份有效问卷进行验证。团队研究得出的结论认为企业的学习能力以及理念方面的创新能力很难对企业业绩形成显著的影响，但这些品质会通过动态能力产生间接的影响。例如知识管理能力、适应环境的能力等都可以间接帮助企业提升业绩。

简传红（2012）等首先对相关理论进行梳理和分析，进而构建了双 S 立方体模型组织文化、知识管理战略与企业创新业绩三者关系的研究框架。研究表明在双 S 立方体模型下，有四种类型的组织文化，在不同类型的组织文化下，组织对知识管理战略的选择具有倾向性。企业基于其管理创新能力而对知识管理战略作出的不同选择会对企业的创新绩效产生不同程度的影响。最后，通过对比来验证了管理创新能力可以改善企业的组织文化，提升企业的创新绩效。

杨伟、刘益（2011）等以 55 家初创企业、65 家成熟企业为调查样本进行了研究，通过对样本数据进行归类，设计出了管理创新能力、营销创新能力和二者的共同作用分别对初创企业及成熟企业经营业绩产生作用的检验模型。实证研究表明，管理创新能力对初创企业和成熟企业的企业业绩有着不同效应的影响，与前者之间呈正相关关系，与后者之间呈倒 U 形关系，而管理创新能力和营销创新能力二者结合的作用，对于初创企业的经营业绩存在一定程度的负面作用，对成熟企业的绩效起到正向作用。

李全喜（2010）等从优质的制造业发展区域中选择了 137 家企业作为

调查样本进行实证研究，设计出了质量管理能力、组织创新能力和组织业绩的分析模型来探究三者之间的作用机理。从研究结果中可知，企业的质量管理能力能够激发企业的技术创新，从而间接地提升企业的管理创新能力。组织创新能力是质量管理能力影响组织经营业绩的中间桥梁。在制造类企业中，技术创新能力比管理创新能力对组织经营业绩的影响更加直接，但管理创新亦对组织绩效存在显著的正向影响。

纪姗姗（2009）等从之前学者研究出的有效量表出发并结合团队课题的研究需要设计出了相应的调查问卷。在制造业企业中采用抽样调查的研究方式发放了 300 份调查问卷，其中的有效样本为 192 份。接着，就有效问卷展开了分析研究。首先，利用 SPSS 软件对所设计出的理论模型的信度、效度的可靠性进行验证。其次，运用 AMOS4.0 软件验证了设计出的理论模型与统计数据之间的良好适配性。最后，就各个变量之间的相互关系及影响程度进行了分析。研究表明，企业的管理创新能力能够正向地作用于企业战略的转换速度和转换幅度。尤其是管理方式的创新，更能够促进战略升级，提高企业业绩。

陈武、钱婷（2013）等通过对相关文献进行归纳整理，再结合电网企业的相关特征，设计出了可持续发展指数模型来评价电网企业的管理创新能力实施效果，旨在能够量化其影响程度。该次实证研究分析，以国家电网有限公司为研究样本，设计模型来测算其 2004—2012 年的可持续发展指数。研究表明，国家电网有限公司在这 8 年间的管理创新实践过程中取得了较为明显的效果，可持续发展指数的 10 个二级维度都有很大幅度的提升，经济、社会以及环境方面的绩效也有不同程度的提升。这些均表明国家电网有限公司在管理创新方面取得了实效，应该继续维持管理创新的力度，持续地推进管理变革和集成创新。

综上实证研究的观点可以得出结论，企业的管理创新能力可以对企业业绩的提高起到正向作用。在一般情况下，企业通过管理创新能力实施管理创新制度，能对企业业绩的提高带来显著的作用。与此同时，管理创新能力也会与其他方面，诸如制度创新能力、环境适应能力等相结合，从而间接提升企业的经营管理业绩。

二、技术创新能力与企业业绩的实证研究

关于技术创新能力和企业经营业绩之间的关系，国内和国外的实证研

究结果略有差异。国外的学者较早就展开了实证研究，主要的研究结果认为，企业运用其技术创新能力能够提高企业的经营业绩。

Bart Los 和 Bart Verspagen（2000）从美国的制造业企业中选取了面板数据作为研究样本，将有形资产投入、科技投入作为自变量指标，销售收入作为因变量指标来研究企业的研发投入和企业产出之间的关系。研究结果认为，研发投入对企业产出的影响随着科技投入的不同而呈现相应的变化，但自变量指标均能不同程度地促进企业生产力的提高。

Garner（2002）等选取了 234 家生物技术和互联网公司作为研究样本，实证研究表明，技术创新能力显著地体现在企业的研发强度上，而研发强度的提高往往能提升企业的同业竞争力，提高企业的业绩。

Sut Sakchutchawan（2011）等选取的实证研究样本是物流企业，实证研究认为技术创新能力能够帮助企业降低营运成本，提升物流的效率、顾客满意度、营业收入和净利润，技术创新能力是企业建立竞争优势的重要因素。

R. Jolly（2013）选取了 215 家中国电子企业作为研究样本来探究技术创新能力与企业业绩之间的关系。他认为技术创新能力在企业的生产运营过程中最大地体现在产品创新方面，新产品能不断地夯实企业的综合竞争力，从而提升企业业绩。

国内学者在近些年也不断地研究企业技术创新能力与企业经营业绩之间的关系，主要研究结果分为两种：技术创新能力与经营绩效之间存在正相关关系和二者之间并没有存在显著的相关关系。

王同律（2004）通过对现代企业价值理论的相关文献资料进行归纳总结，再利用实证研究来探索技术创新能力对企业业绩的作用机理，提出技术创新能力能够令企业业绩以"常规增长""超常增长"和"持续增长"3种方式呈现上升趋势。

李靖（2010）等以上海和深圳两市的家族股份制企业为研究样本来探究技术创新能力对企业业绩的影响。结果表明，一方面，企业的技术创新能力能够直接地提升企业竞争力；另一方面，在亲缘关系对企业绩效的影响路径中创新能力也间接地发挥了中介作用。

廖中举（2013）选取了浙江省 312 家制造业企业作为研究样本，对企业中的 R&D 投入、技术创新能力与企业业绩三者之间的关系采用回归分析的方法展开研究。研究表明，象征着技术创新的新产品产出能力和发明专利申请量在 R&D 投入与企业经济绩效之间能够起到桥梁的作用，而 R&D 投入量的增加可以显著地提升企业的经营业绩。这则实证研究也表明了技术创新能力能够间接地提高企业业绩。

杜勇（2014）等从我国高新技术企业中选取 43 家作为研究样本，利用这些企业 2007—2012 年的面板数据进行研究，旨在探索这些企业的研发投入与经营业绩之间的关系。结果表明，这些高新技术企业历年来随着研发投入的不断增加，营利能力也得到了相应提升，研发投入与获利能力存在同向的变化关系。

王慧（2009）等同样选用的是高新技术企业来研究技术创新能力与企业业绩之间的关系。从中部六省中选取了 48 家已上市的高新技术企业，运用了多元线性回归模型来探究二者之间的关系。企业将研发投入量、大专以上学历人员数量作为技术创新能力的代表性指标，因变量则是企业业绩。研究结果显示，因研发投入形成的设备资产净值与业绩之间呈负相关的关系，而高学历的技术人员数量则与业绩之间呈现正相关关系。

王烨（2009）等选取深圳市一些中小企业为研究对象，以 2005—2007 年的面板数据进行研究。研究结果表明，企业研发人员的比例与企业业绩中的每股收益之间存在显著的正相关关系，而研发支出与企业业绩中的每股收益和净资产收益率等指标不存在明显的线性关系，也无法证实研发支出能够对企业经营绩效产生滞后作用。

综合以上专家学者们的实证研究观点，国内外对于技术创新能力与企业经营业绩关系的实证研究中，较多采用研发支出或者研发强度等单一指标为自变量，但结合实证研究的总体结果来看，企业的技术创新能力与企业业绩之间存在一定程度的正相关关系，企业普遍会因为技术方面的投入和革新而提升其经营业绩。

三、制度创新能力与企业业绩的实证研究

关于制度创新方面，我国已有大量学者通过实证研究证明制度创新能力对企业业绩有着不可小觑的影响。企业的制度创新涵盖的范围较广，包括风险控制、股权结构、激励机制等诸多方面。制度创新能力能够显著地影响到企业的成长，促进其业绩的提升。

王姗姗（2007）首先是整理总结学者的观点，界定了制度和制度创新的内涵。以国内的企业作为研究对象，从柯布—道格拉斯生产函数出发，

建立了各因素增长与企业经济增长之间的数学函数关系，而后增加制度因素和产业结构因素来对比企业经济的前后改变。所设立的新的经济增长模型为：$Y = AK^\alpha L^\beta e R_1 X_1 + R_2 X_2 + e$。企业的制度创新能力正向地提高了企业的资本投入以及改善了企业的科技体系，企业的制度创新能力能够对其经济生产规模产生显著的影响，制度创新是决定其增长的一个内生性因素。

徐向艺、郭妍（2008）等旨在研究制度创新能力对中小型企业成长性的关系。通过对相关文献进行整理，他们对制度创新的指标体系进行了修正和完善。团队选取了股权结构、高管激励、董事会治理结构、重大事件风险、组织文化五大制度要素作为自变量，以企业的成长绩效为因变量，构建出了函数关系式 $I = 0.278A + 0.241B + 0.200C + 0.160D + 0.121E$。从研究结果可看出，制度创新力对成长性的影响系数为 0.519，表明制度创新力每提高或降低一个单位，成长性随之提高或降低 0.519 个单位。该函数关系表明，可以通过提升企业的制度创新能力来提升企业的经营业绩，以帮助中小型企业获得更快速的成长。

黎逸和林良锋（2009）认为，循环经济的实施是企业制度的一项重大调整，以 2005 年第一批循环经济试点单位上市公司为研究样本，将企业效率值作为研究的因变量，通过单因素分析法和 Wilcoxon 符号秩检验对效率值的差异进行检测。研究结果表明：在循环经济实施以后，试点单位的企业生产效率较实施循环经济以前有了显著的提升。这也从侧面反映了企业的制度创新能力能够提升企业的经营运转效率。

苏小姗（2012）等设计了一套综合评价体系，旨在量化评价现代农业产业制度创新能力方面的绩效。在其著作中，他们认为对于我国的农业企业而言，国家现代农业产业技术体系的建立是一项重大的制度创新，主要作用是想提高我国传统农业企业的综合绩效。团队从其设计的研究体系中测算出了产业技术体系内的各个产业创新绩效值，并且横向地比较了近年来各个产业技术体系之间和相同岗位人员之间的创新绩效值。总体而言，该产业的技术体系领域内的综合绩效近年均呈现增长趋势。这在很大程度上表明，国家现代农业产业技术体系的建立，作为一项重大制度创新，对提升我国农业科技创新体系的营运绩效发挥了显著的作用。

王俊华、李庆杨（2014）等以沈阳经济区作为研究对象，旨在探究制度创新能力对沈阳经济区营运业绩的影响。他们首先对 C-D 函数进行改进，在原有的基础上引入了制度因素，构建了广义的 C-D 生产函数模型，即 $Y=AK^{\alpha}L^{\beta}I^{\gamma}$。式中，$A$ 表示综合技术水平，α、β、γ 代表着经济变量的产出弹性系数。该模型能够把制度因素分离出来，对比将其与资本、劳动等投入要素结合在一起的情况，分别探究对经济增长的不同影响。从分析的结果可知，制度创新对经济增长的弹性系数为 0.362，已经超过了劳动投入对经济增长的推动作用。由此可以看出，制度创新能力可以显著地影响到沈阳经济区的业绩。

综上所述，企业的制度创新能力是企业经济增长的内生因素，可以通过制度的改善来优化企业的运行机理，从而全面提升企业的业绩。

四、文化创新能力与企业业绩的实证研究

关于文化创新能力与企业业绩之间关系的实证研究，很多集中在国内。笔者基于相关资料认为，文化是一个企业立足发展的内在灵魂，文化创新能力与企业业绩之间存在密切联系。企业的文化创新能力能够调动员工的工作积极性，产生企业的集体荣誉感与认同感，这会对企业的业绩产生显著的影响。无论是从绩效的指标、生产函数还是企业的发展来看，均验证了这一点。

简传红（2012）等则是对照了不同的企业文化下，实施相应的知识管理战略会产生不同的创新绩效。企业在实施了合适的知识管理战略后，也需要特定的企业文化环境，二者相得益彰才能使企业取得良好的创新绩效。前后的实施对比可以验证企业文化的创新是企业实施管理战略取得创新绩效的重要辅佐手段。知识管理战略和文化创新能力均是提高企业创新绩效的因素。

顾美玲、毕新华（2017）等旨在通过实证研究来探究 IT 行业中企业的文化创新能力对业务的影响机制。在对理论研究进行整理总结后，以东北三省的省会城市及大连市作为实证研究对象，采用实地研究的方法，向所在地的高效 EMBA 发放调查问卷。问卷的量表包含六部分的内容：企业基本信息、创新文化、IT 治理、社会维度、IT 业务融合、组织结构，发放问卷的对象基本都属于企业的高级管理人员。对回收的有效问卷信息进行整合后，得出的结论是：在 IT 行业中，企业的文化创新能力对 IT 业务融合具有直接的影响，此外文化创新还能以社会治理、社会维度为桥梁，间接地促进 IT 业务融合。

张炜（2010）认为，中小企业的创新文化结构对于创新绩效和竞争绩效等具有不同程度的影响。基于相关理论背景的基础上，拟运用半结构化访谈、多层次组织行为问卷和多元统计等手段来探究该种文化创新与企业绩效之间的作用方式。研究过程中以该文化创新的六个因素作为自变量，选取了三个组织绩效指标作为因变量，构建多元线性回归方程。实证研究的结果表明，企业组织革新、市场导向、决策参与、领先行动、协作共享、风险承担六大企业文化创新要素均对企业的组织绩效产生单方面或多方面的正向影响。中小型企业的文化创新能力对于企业业绩的提升具有不同程度的正面作用，完全支持了研究假设。

综上所述，不同类别的企业应根据自身的实际情况来选择适合企业长期发展的文化战略，对自身的文化进行因地制宜地更新。大量实证研究均表明，运用文化创新能力实施适当的文化创新对企业的业绩提高作用显著，二者之间存在正向的相关关系。

第四节　江西省资源类企业的创新能力与业绩关系的实证研究

前文主要对企业的创新能力、企业业绩的相关概念进行了界定并梳理相关的文献，阐述了企业创新能力与企业业绩之间的关系。总体而言，企业创新能力可大致分为管理创新能力、技术创新能力、制度创新能力及文化创新能力。学者们通过实证研究，普遍认为企业的创新能力对企业业绩的发展产生正向的作用。基于此，本节将对江西省资源类企业的创新能力与企业业绩二者之间的关系进行相关的实证研究。

一、研究设计

本节致力于研究企业的创新能力与业绩的相关关系，借鉴李素雯（2016）、安东（2014）等的研究方法，首先将企业创新能力作为解释变量，然后将企业创新能力的各个部分依据相关学者的观点分解为具体的指标，对于被解释变量——企业业绩也做相应的处理。通过变量设计、变量的量化，再进行双变量相关性分析来探究江西省资源类企业的创新能力与企业业绩之间的关系。

1. 被解释变量——企业业绩

通过归纳整理国内外关于企业经营业绩评价的相关理论，可知计量企业经营业绩的方式主要有以下几种类型：其一是以金融市场反映的外部信息进行计量，例如股票价格、托宾 Q 值等信息；其二是企业内部计算出的相关财务指标信息，例如净利润、净资产收益率等信息。除此之外，前文所述的经济增加值，近些年来在评价企业经营业绩中也占有越来越重要的地位。目前，我国的金融市场体系仍然存在诸多不稳定因素，股价等外部信息容易被人为操控，因此外部数据很难成为评价企业经营业绩的首选，财务指标依旧是衡量企业业绩的主要内容。

本文通过归纳总结国内学者对于企业经营业绩的评价，并在结合数据的真实性和可获得性的基础上，拟采用每股收益（EPS）和总资产净利率（ROA）以及经济增加值作为衡量企业经营业绩的指标，见表 4-1 所示。

表 4-1 企业经营业绩的指标

目标层	指标层	指标定义
江西省资源类企业业绩衡量	每股收益（EPS）	净利润/年末普通股股份总数
	总资产净利率（ROA）	经营收入/所投入资产
	经济增加值（EVA）	税后经营利润－资本成本×投资资本

2. 解释变量——企业创新能力

本文拟从企业的管理创新能力、技术创新能力、制度创新能力、文化创新能力四个方面出发来探讨创新能力与企业业绩之间的关系。上述四个方面的创新能力指标选取如下：

（1）管理创新能力指标选取。

对企业管理创新能力指标体系的理论文献进行整理归纳后，如梁镇（1998）等认为企业家采用新型的管理思想和管理方法来重塑企业的管理系统，可以提高企业的管理效率，即企业的管理创新能力；简传红（2012）等所构建的双 S 立方体模型，旨在探究知识管理对企业创新的影响，阐述了基于管理创新能力对知识管理战略做出的不同选择对企业业绩会产生不同程度的重要影响；张凤杰（2007）等以财务技能、风险管控能力、管理技能等指标来定义科技型中小企业的管理创新能力。本文结合江西省资源类企业发展特点，认为其管理创新能力主要分为企业对管理创新投入的过程和管理创新实施的结果两大层面。梳理和总结学者们对企业管理创新能力指标的运用并结合数据的可获得性，本文确定了以下三个变量：

①学历结构。

对于资源类企业来说，人力是最重要的资源，员工的综合素质是决定企业管理创新能力的关键因素，而现阶段学历结构是代表员工综合素质的重要参数。本文拟选取大专及以上学历的员工人数占比作为学历结构的衡量指标，旨在反映企业在管理创新方面的投入和重视程度。

学历结构＝大专及以上学历员工人数/职工总人数

②管理层薪酬。

对一般企业而言，管理层往往是决定企业管理创新能力的直接因素，因此，对管理层的投入实则是对企业管理创新能力的投入。管理层的薪酬水平能够很大程度反映出企业对于管理创新能力的重视程度。

③资产周转率。

该指标是用来衡量企业在资产管理方面效率高低的重要财务比率。将该指标本年度的数据与以往年度的数据进行纵向对比，可以窥探出总资产运营效率的变化以及与同类企业之间存在的差距。通常情况下，该指标的数值越大，则说明企业的总资产周转速度越快，销售能力及资产管理能力也就越强，即：

资产周转率＝本期营业收入/本期营业资产平均余额×100％

（2）技术创新能力指标选取。

对以往研究文献的梳理可以发现，由于不同学派对技术创新能力不同的界定，故对于创新能力做出的测度也存在很多差异。本节通过总结和分析各异的技术创新理论，再通过借鉴黄鲁成（2005）等衡量北京制造业技术创新能力以及张晓阳（2019）等根据观察指标评度分布规律来创建实验区等研究所采用的技术创新能力指标体系，结合数据的可获得性，确定了以下 3 个变量：

①研发强度。

研发强度指的是研发方面的投入金额与营业收入的比例。该比例揭示了企业对于研发投入方面的重视程度。由于各个企业之间的情况不同，企业的规模和营利水平存在差异，因此研发投入量这种绝对性指标无法体现出不同层次的企业对于自身技术创新水平的重视程度，故采用研发强度这一相对性指标。该指标是现阶段衡量企业技术创新能力最常用的指标。

研发强度＝研发支出、营业收入×100％

②研发技术人员比重。

研发技术人员比重指的是从事企业研发活动的人员占企业员工总数量的比重，该数值体现了企业的研发基础以及企业对于技术创新的整体重视程度，即：

研发技术人员比重＝研发技术人员数量/企业员工人数×100％

③发明专利数量。

发明专利数量是年度内技术创新能力的直接体现。总结年度内所申请的国家专利数量，能够从侧面揭示出企业技术创新能力的强度。

（3）制度创新能力指标选取。

通过对学者专家关于制度创新能力的相关文献进行梳理总结，如戴维斯（Lance Davis）、诺思（Doouglass. C. North）于1971年在《制度变革和美国经济增长——走向制度创新理论的第一步》一书中认为，制度创新能力是指能使创新者获得额外利益的能力，换而言之就是对现成制度进行变革以获取潜在利益的能力。我国学者卢现祥（2004）提出制度创新是企业和社会的规范体系的改变，这其中包含选择、创造、优化等过程，将其具体化则是制度的调整、完善、变更等。陆伟等（2008）则认为，制度创新能力一般指组织内相关条例的变更。通过结合江西省资源类企业的相关数据，本节采用资源类企业"制度条例更新数量"作为企业制度创新能力的评价指标。

（4）文化创新能力指标选取。

纵观企业文化创新能力的相关文献不难发现，文化创新是企业为了实现自己的战略目标，把新的经营理念、价值观、企业精神等要素进行重新组合，融入自身的企业文化中，并进行改进和发展的过程。结合一些学者的观点，如高楠（2016）在其作品《谈文化创新》中谈及的企业的文化创新能力是企业面对新的市场形势时，为了满足自身需求，应不断丰富员工的文化生活，改造系统，扬弃旧的文化模式。张炜（2010）等则提出企业的文化创新是企业在生产运营过程中，针对员工的物质文化生活、精神生活等层面的综合投入。鉴于上述观点，本节在量化企业文化创新能力的过程中，选用"工会经费和职工教育经费"作为相应指标。

3. 控制变量

控制变量是选择公司的经营特征变量，包含公司规模（Size）——以样本公司总资产的自然对数表示；资产负债率（Alr）——公司总负债与公司总资产之比。另外，还有公司年龄（Years），即公司成立至今的年数。具体如表4-2所示。

表 4-2　评价指标

目标层	指标层	指标定义
被解释变量	每股收益（EPS）	净利润/年末普通股股份总数
	总资产净利率（ROA）	经营收入/所投入资产
	经济增加值（EVA）	税后经营利润－资本成本＊投资资本
解释变量	管理创新能力指数	学历结构、管理层薪酬、资产周转率
	技术创新能力指数	研发强度、研发技术人员比重、发明专利数量
	制度创新能力指数	制度创新条例数量
	文化创新能力指数	工会经费和职工教育经费
控制变量	公司规模	公司总资产的自然对数
	资产负债率	公司总负债/公司总资产
	公司年龄	公司成立年数

二、样本选择与数据来源

本文以江西省资源类企业为研究对象，进行研究的首要工作就是从众多的江西省资源类企业中甄选出符合条件且具有代表性的资源类企业。通过调查研究，本文选择了江西省资源类企业中具有代表意义的 5 家上市公司。

经过相应筛选，选择了符合条件的 5 家江西省资源类上市公司，分别是江西铜业、赣锋锂业、章源钨业、方大特钢、新钢股份，具体如表 4-3 所示。

表 4-3　所选上市公司

股票代码	中文简称	股票代码	中文简称
600362	江西铜业	600507	方大特钢
002460	赣锋锂业	600782	新钢股份
002378	章源钨业		

本研究所使用的数据来自 RESSET 金融研究数据库、国泰安数据库以及巨浪资讯网公布的企业年报，并且使用 Excel 2010 进行数据整理和统计分析。如下各表数据，是基于公司年报的基础上，旨在明晰江西省资源类企业的创新能力与企业业绩之间的关系，经过运算而得到的 5 家资源类企业的创新能力指标数据与企业业绩指标的相关数据，为后文分析二者之间的关系奠定了相应的基础。

江西五大资源类企业的各大创新能力指标及企业业绩的数据分别见表 4-4～表 4-8。

表 4-4　江西铜业企业创新能力及企业业绩相关数据

	年份	2012	2013	2014	2015	2016	2017	2018
管理创新能力	学历结构（大专以上）/%	28.81	30.49	32.64	33.46	34.39	36.40	38.84
	管理层薪酬/万元	1 337.07	1 485.69	1 398.14	879.21	1 043.36	1 045.35	1 208.78
	资产周转率	2.17	2.11	2.16	2.01	2.28	2.22	2.15
技术创新能力	研发强度/%	1.57	1.32	1.17	0.92	1.15	1.20	1.35
	研发技术人员比重/%	10.2	11.6	12.50	3.10	11.51	13.41	27.91
	发明专利数量/项	2	3	3	3	13	13	10
制度创新能力	制度创新条例数量/项	5	0	3	2	1	0	0
文化创新能力	工会经费和职工教育经费/元	−1 906 759	1 212 975	1 534 913	1 245 065	2 372 214	4 519 418	−58 447
企业业绩	每股收益/元	1.27	0.90	0.500	0.040	0.400	0.690	0.400
	净资产收益率/%	10.70	7.15	3.84	0.27	3.00	5.05	2.85
	经济增加值/元	1 947 654 680	776 770 323	226 080 943	−763 238 517	349 813 307	1 772 951 570	195 627 747

数据来源：国泰安数据库及上市公司年报

表 4-5　赣锋锂业企业创新能力及企业业绩相关数据

	年份	2012	2013	2014	2015	2016	2017	2018
管理创新能力	学历结构(大专以上)/%	25.76	21.63	19.08	19.83	21.63	28.88	26.10
	管理层薪酬/万元	294.16	293.59	265.77	291.44	400.27	525.74	539.01
	资产周转率/%	66.9	48.26	46.36	60.41	89.77	74.25	46.50
技术创新能力	研发强度/%	3.54	4.39	4.37	4.56	3.30	3.87	5.44
	研发技术人员比重/%	12.53	5.30	5.45	6.88	7.01	5.77	7.85
	发明专利数量/项	5	9	8	13	5	13	20
制度创新能力	制度创新条例数量/项	5	3	0	3	5	8	7
文化创新能力	工会经费和职工教育经费/元	2 245 042	−39 956 831	725 026	2 043 611	−3 627	2 220 241	2 409 254
企业业绩	每股收益/元	0.23	0.25	0.24	0.14	0.41	1.32	1.07
	净资产收益率/%	7.88	8.09	5.47	6.69	21.76	46.37	26.93
	经济增加值/元	−1 569 271	−35 096 846	−49 214 080	−22 891 323	26 497 677	1 198 481 240	477 429 048

数据来源：国泰安数据库及上市公司年报

表 4-6　章源钨业企业创新能力及企业业绩相关数据

	年份	2012	2013	2014	2015	2016	2017	2018
管理创新能力	学历结构(大专以上)/%	32	32.18	30.95	30.25	34.61	33.32	31.97
	管理层薪酬/万元	654	634.4	654.48	619.82	538.5	601	650.57
	资产周转率/%	66.57	67.48	66.21	42.73	40.74	52.98	49.17
技术创新能力	研发强度/%	4.00	4.11	4.21	4.95	5.23	5.11	5.26
	研发技术人员比重/%	12.50	12.61	13.34	12.86	13.3	13	12.02
	发明专利数量/项	9	10	6	2	10	6	12
制度创新能力	制度创新条例数量/项	0	1	2	2	1	5	3
文化创新能力	工会经费和职工教育经费/元	1 331 923	2 963 015	2 483 710	2 375 187	−91 128	325 438	2 324 009
企业业绩	每股收益/元	0.31	0.25	0.15	−0.17	0.05	0.03	0.05
	净资产收益率/%	9.42	7.77	4.22	−8.05	2.44	1.61	2.34
	经济增加值/元	−12 290 079	−14 883 498	−16 136 254	−369 038 839	−106 573 546	−120 656 535	−124 518 130

数据来源:国泰安数据库及上市公司年报

表 4-7　方大特钢企业创新能力及企业业绩相关数据

	年份	2012	2013	2014	2015	2016	2017	2018
管理创新能力	学历结构（大专以上）/%	30.35	30.38	30.48	31.4	31.58	31.51	31.00
	管理层薪酬/万元	4,854.06	5,601.466 8	4,916.21	5,834.06	2,488.767	9,722.58	16,884.81
	资产周转率/%	1.31	1.29	1.19	0.87	1.00	1.63	1.90
技术创新能力	研发强度/%	0.14	0.25	0.25	0.21	0.35	0.37	0.39
	研发技术人员比重/%	5.04	5.00	5.06	5.33	5.30	5.30	5.42
制度创新能力	制度创新条例数量/项	1	4	1	1	1	6	5
文化创新能力	工会经费和职工教育经费/元	−15 093 571.25	−11 602 871.38	−1 207 723.36	−2 376 055.04	1 141 803.56	−837 462.17	1 086 461.8
企业业绩	每股收益/元	0.38	0.39	0.41	0.07	0.48	1.80	2.06
	净资产收益率/%	16.28	19.15	19.59	3.62	27.52	63.75	57.67
	经济增加值/元	273 011 013	1 157 349 374	1 409 354 084	924 965 325	1 632 693 573	3 981 059 924	6 118 866 240

数据来源：国泰安数据库及上市公司年报

表 4-8 新钢股份企业创新能力及企业业绩相关数据

年份		2012	2013	2014	2015	2016	2017	2018
管理创新能力	学历结构(大专以上)/%	40.59	40.03	44.37	48.55	49.20	52.00	59.67
	管理层薪酬/万元	283.11	322.16	474.99	325.80	334.96	368.49	522.61
	资产周转率/%	1.20	1.08	1.04	0.86	1.06	1.60	1.52
技术创新能力	研发强度/%	0.89	0.77	0.77	0.86	0.58	0.86	2.42
	研发技术人员比重/%	12.77	15.77	14.61	20.34	20.51	22.16	27.06
制度创新能力	制度创新条例数量/项	4	2	1	2	6	1	5
文化创新能力	工会经费和职工教育经费/元	17 885 336	26 288 012.5	34 512 471.73	15 626 203.78	29 770 930.49	−44 841 741.41	20 728 508
企业业绩	每股收益/元	−0.76	0.04	0.26	−0.2 544	0.1 457	1.0 661	1.82
	净资产收益率/%	−13.17	0.80	4.54	−4.391 9	4.870 4	29.205 3	36
	经济增加值/元	−997 443 193	−57 637 451	204 589 364	−14 393 843	796 126 882	3 543 673 376	4 331 584 378

数据来源：国泰安数据库及上市公司年报

三、江西省资源类企业创新能力的结果与分析

表 4—4～表 4—8 所列的数据，从不同的角度诠释了江西省资源类企业的创新能力与企业业绩。但数据之间存在较大差异，在绝对数、相对数及计量单位方面均有不同。为了更好地阐明数据之间的关联，本节拟采用极差变换法及熵值法来对数据进行相应的无量纲化处理，之后再赋予相应的权重。

根据对第三章中熵值法公式的计算，可以确定出企业创新能力各指标所对应的权重。江西省 5 家资源类企业各创新能力指标经熵值法计算后的结果如表 4-9 所示。

表 4-9　江西省资源类企业创新能力各指标权重

	江西铜业	赣锋锂业	章源钨业	方大特钢	新钢股份
学历结构（W_1）/%	1.21	2.61	1.85	0.02	1.43
管理层薪酬（W_2）/%	2	5.68	2.35	15.31	3.82
资产周转率（W_3）/%	0.98	4.46	4.07	2.83	3.58
研发强度（W_4）/%	1.46	2.8	2.54	4.54	21.52
研发技术人员比重（W_5）/%	8.84	6.07	2.04	0.03	4.88
发明专利数量（W_6）/%	15	12.07	12.61	—	—
制度创新条例数量（W_7）/%	41.75	24	39.29	26.27	32.77
工会经费和职工教育经费（W_8）/%	28.75	42.32	35.25	51	32

假定每个系统的具体 8 个指标经过无量纲化之后的标准值分别为 k_j（$j=1$，2，3…8），结合上面确定的权重 w_j，我们首先可以定义江西省资源类企业的创新能力。即 A，A_1，A_2，A_3，A_4 分别代表江西省资源类企业的创新能力总指数、管理创新能力指数、技术创新能力指数、制度创新能力指数、文化创新能力指数。可以根据下面的公式计算出管理创新能力指数、技术创新能力指数、制度创新能力指数、文化创新能力指数：

$$A_1 = B_1 + B_2 + B_3 = \sum_{j=1}^{3} k_j w_j$$

$$A_2 = B_4 + B_5 + B_6 = \sum_{j=4}^{6} k_j w_j$$

$$A_3 = B_7 = k_7 w_7$$

$$A_4 = B_8 = k_8 w_8$$

为了体现江西省资源类企业创新能力中各大创新能力之间的互动，我们将其定义为：江西省资源类企业创新能力总指数（A）＝管理创新能力指数（A_1）＋技术创新能力指数（A_2）＋制度创新能力指数（A_3）＋文化创新能力指数（A_4）。

$$A = A_1 + A_2 + A_3 + A_4 = (B_1 + B_2 + B_3) + (B_4 + B_5 + B_6) + B_7 + B_8 =$$

$$\sum_{j=1}^{3} k_j w_j + \sum_{j=4}^{6} k_j w_j + k_7 w_7 + k_8 w_8$$

根据以上公式计算可得出江西省资源类企业创新能力总指数 (A)、管理创新能力指数 (A_1)、技术创新能力指数 (A_2)、制度创新能力指数 (A_3)、文化创新能力指数 (A_4)。其计算结果如表 4-10 所示。

表 4-10　江西省资源类企业 2012—2018 年创新能力指数

年份	2012	2013	2014	2015	2016	2017	2018
江西铜业（A_1）	0.021	0.026	0.027	0.006	0.022	0.022	0.028
江西铜业（A_2）	0.061	0.039	0.189	0.051	0.159	0.174	0.190
江西铜业（A_3）	0.418	0.000	0.251	0.167	0.084	0.000	0.000
江西铜业（A_4）	0.288	0.139	0.154	0.141	0.191	0.288	0.205
赣锋锂业（A_1）	0.045	0.015	0.000	0.022	0.079	0.109	0.076
赣锋锂业（A_2）	0.064	0.018	0.019	0.046	0.064	0.132	0.116
赣锋锂业（A_3）	0.150	0.090	0.000	0.090	0.150	0.240	0.210
赣锋锂业（A_4）	0.422	0.000	0.406	0.419	0.024	0.422	0.423
章源钨业（A_1）	0.07	0.068	0.065	0.019	0.019	0.044	0.043
章源钨业（A_2）	0.054	0.044	0.084	0.158	0.065	0.038	0.045
章源钨业（A_3）	0.000	0.079	0.157	0.157	0.079	0.393	0.236
章源钨业（A_4）	0.164	0.353	0.297	0.285	0	0.048	0.279
方大特钢（A_1）	0.037	0.045	0.035	0.036	0.004	0.093	0.181
方大特钢（A_2）	0.001	0.02	0.02	0.013	0.038	0.042	0.047
方大特钢（A_3）	0	0.158	0	0	0	0.263	0.21
方大特钢（A_4）	0	0.4	0.074	0.111	0.51	0.062	0.508
新钢股份（A_1）	0.019	0.017	0.042	0.013	0.031	0.058	0.084
新钢股份（A_2）	0.036	0.032	0.029	0.059	0.026	0.065	0.264
新钢股份（A_3）	0.197	0.066	0	0.066	0.328	0	0.262
新钢股份（A_4）	0.253	0.287	0.32	0.244	0.301	0	0.264

四、江西省资源类企业创新能力与业绩的实证研究

1. 相关性分析

本文在论证企业创新能力与企业业绩关系的过程中采用的是双变量相关分析，在执行双变量相关分析的过程中，选取均值和标准差作为描述性统计量，以 Person 系数进行显著性检验。

当两个连续变量在散点图上的散点呈现直线趋势时，就可以认为二者存在直线相关趋势。Person 相关系数就是人们定量地描述线性相关程度好坏的一个统计指标。相关系数的取值范围为 $-1 \leqslant r \leqslant 1$，是一个无单位的数量值，其值为正表示正向相关，为负表示负向相关，等于 0 为零相关。相关系数的绝对值越接近 1，表示两个变量之间的相关关系的密切程度越高；越接近 0，则表示相关程度越不密切。

通常情况下可以通过以下取值范围判断变量的相关强度：

相关系数 0.8～1.0 极强相关；0.6～0.8 强相关；0.4～0.6 中等程度相关；0.2～0.4 弱相关；0.0～0.2 极弱相关或无相关。

如表 4-11 所示，我们可观察江西省资源类企业创新能力与企业业绩的相关系数，从而得出结论：5 家企业的创新能力与企业业绩存在较为显著的相关关系。尤为明显的是 5 家资源类企业的创新能力指数与企业业绩中的净资产收益率和经济增加值之间的 Person 相关系数普遍较高，接近 1，在 0.01 水平（双侧）上显著相关，存在极强的相关性；而创新能力指数与每股收益之间也基本存在正相关关系。

表 4-11　5 家企业创新能力与企业业绩相关性

		企业创新能力（江西铜业）	企业创新能力（赣锋锂业）	企业创新能力（章源钨业）	企业创新能力（方大特钢）	企业创新能力（新钢股份）
每股收益	Pearson 相关性	0.263	0.697	-0.110	0.677	0.278
	显著性（双侧）	0.569	0.082	0.814	0.095	0.546
	N	7	7	7	7	7
净资产收益率	Pearson 相关性	0.997 **	0.945 **	0.980 **	0.651	0.169
	显著性（双侧）	0.000	0.001	0.000	0.114	0.717
	N	7	7	7	7	7

续表

		企业创新 能力 （江西铜业）	企业创新 能力 （赣锋锂业）	企业创新 能力 （章源钨业）	企业创新 能力 （方大特钢）	企业创新 能力 （新钢股份）
经济 增加值 （亿元）	Pearson 相关性	0.877 **	0.944 **	0.924 **	0.775 *	0.194
	显著性（双侧）	0.010	0.001	0.003	0.041	0.677
	N	7	7	7	7	7

** 表示在 0.01 水平（双侧）上显著相关；* 表示在 0.05 水平（双侧）上显著相关。

总体而言，江西省资源类企业的创新能力与企业业绩之间存在较为显著的正向相关关系。江西省资源类企业创新能力的实现，对其净资产收益率和经济增加值的提高有着重要作用。

2. 面板数据的实证研究

面板数据也被称为"平行数据"，是站在时间序列的角度截取更多的截面，在所得的截面中选取样本观测值所形成的数据，这样该数据便能同时具备截面数据和时间序列数据的双重属性。面板数据可以克服时间序列分析受多重共线性的困扰，能够提供更多的信息、更多的变化、更少的共线性、更多的自由度和更高的估计效率，面板数据模型是利用面板数据具有的个体、时间、变量三维信息，分析变量间相互关系并预测其变化趋势的计量经济模型，该模型在计量经济的分析中运用广泛。鉴于江西省资源类企业数据的可获得性和适用性，本节采用面板数据进行回归分析。

根据研究假设和所搜集的数据的特征，本文构建面板数据模型如下：

$$Y_{it} = a_{it} + b_{it}X_{it} + \varepsilon_{it}$$

该式中，Y_{it} 为因变量，X_{it} 为自变量，a_{it} 为模型的常数项，b_{it} 为对应于自变量向量 X_{it} 的 $k \times 1$ 维系数向量，k 为自变量个数，ε_{it} 为相互独立的随机误差项，且满足均值为零等方差的假设，N 为截面成员的个数，T 为每个截面成员的时期总数。

因为个体间的行业、自身条件等因素存在差异，并且 5 家公司只是江西省资源类企业总体的一部分，所以本文选用随机效应变截距模型，具体形式为：

$$Y_{it} = a + b_1X1_{it} + b_2X2_{it} + b_3X3_{it} + b_4X4_{it} + b_5size + b_6alr + b_7years$$

该式中，$i=1$，2，3，4，5 表示第 i 个截面成员，$t=1$，2，…7 表示 2012—2018 年这 7 年的时间，a 为总体均值截距项。运用 Eviews10.0 软件

进行随机效应变截距模型的估计，结果如表 4-12 所示：

表 4-12 面板数据模型的回归结果

变量	Y_1 每股收益（模型 1）			Y_2 净资产收益率（模型 2）			EVA（模型 3）		
	回归系数	T 检验值	P 值	回归系数	T 检验值	P 值	回归系数	T 检验值	P 值
a	−0.563	−1.139	0.264 7	−0.171	−1.163	0.255	−39.243 *	−2.867	0.008
X_1	11.735 **	5.433	0.000	3.599 **	5.603	0.000	275.076 **	4.599	0.000
X_2	−0.332	−0.231	0.819	−0.435	−1.021	0.316	−39.514	−0.994	0.329
X_3	−0.115	−0.189	0.852	−0.080	−0.442	0.662	−9.481	−0.563	0.578
X_4	0.106	0.009	0.820	0.005	0.040	0.967	3.392	0.266	0.793
$size$	0.195 *	2.502	0.018	0.005	0.245	0.807	2.219	0.986	0.333
alr	−1.258 *	−2.229	0.034	−0.129	−0.774	0.445	−11.749	−0.751	0.459
$years$	0.014	0.349	0.730	0.013	1.129	0.269	2.069	1.907	0.067
N	35			35			35		
	$Adjust-R$ 方=0.66，F=7.488			$Adjust-R$ 方=0.623，F=6.372			$Adjust-R$ 方=0.589，F=5.546		

** 表示在 0.01 水平（双侧）上显著相关；* 表示在 0.05 水平（双侧）上显著相关。

根据以上面板数据回归分析结果，我们可得出：企业的管理创新能力 X1 对企业的业绩具有显著的影响，而其他创新能力与企业业绩之间虽存在一定的关联性，但均不符合显著性的要求，故不存在显著的相关关系。

管理创新能力 X1 在模型（1）、模型（2）、模型（3）中的回归系数分别为 11.735、3.599 和 275.076，且在 1% 的水平上显著，说明管理创新能力指数每提升 1 个单位，每股收益将会提升 11.735 个单位，净资产收益率提升 3.599 个单位，经济增加值提升 275.076 个单位，企业创新能力与企业业绩之间存在显著的正向相关关系。

3. 结论与建议

本节旨在探究江西省资源类企业创新能力与财务业绩的关系，故以企业创新能力作为自变量，综合学者的观点将其分为管理创新能力、技术创新能力、制度创新能力、文化创新能力，又选取企业规模、资产负债率及企业年龄作为控制变量，企业业绩作为因变量。

通过对江西省资源类企业进行对比研究，选取了 5 家具有代表性的上市公司，通过收集数据，然后进行双变量相关性分析及面板数据分析，得出结论：企业创新能力与企业业绩关系显著，企业创新能力与净资产收益率和经济增加值之间呈现出明显的正相关关系。而从面板数据分析可知，管理创新能力是二者之间紧密关系的源泉，管理创新能力与企业业绩中的每股收益、净资产收益率、经济增加值三者之间均存在显著的数量关系。

若企业倾向于提高普通股的获利水平，同时，降低投资风险，从而提高其经营业绩，则可以从提高企业的管理创新能力入手，如提高企业高管的薪酬，大量引进高学历人才，提高资产周转率等，从而能有效地提高企业的每股收益。

同样，如果企业为了追求更高的投资收益率，提高资金使用效率，也依旧可以从大力发展企业的管理创新能力入手。这样亦能提高企业的净资产收益率，增加经济增加值。

总而言之，经过双变量相关分析及面板数据分析可知，江西省资源类企业的创新能力与企业业绩息息相关，而管理创新能力则是决定企业业绩的重要因素。

第 五 章

资源类企业业绩优化的理论基础

第一节　平衡计分卡理论的产生与发展

一、平衡计分卡思想萌芽阶段

市场环境复杂多变，在对企业进行业绩评价时只关注对财务绩效的衡量，不仅导致了企业短视行为多发，也影响了企业的长期健康发展。为了寻找更全面的业绩评价方法，1990 年，由美国诺兰诺顿学院组织的，杜邦、惠普、通用汽车、苹果电脑等 12 家公司参与的，为期一年的绩效评价模式的项目研究展开了。研究小组搜集了当时许多创新绩效衡量系统案例，其中模拟设备公司能够实现企业多角度衡量的"企业计分卡"管理模式给了研究小组启发，他们扩大计分卡的内容，组成了一个新的衡量系统，逐步完善了其理论框架，罗伯特·S. 卡普兰和大卫·P. 诺顿将这套理论框架进行提炼，将其称为"平衡计分卡"。

二、平衡计分卡的四个维度框架提出阶段

1992 年，卡普兰和诺顿在其发表的文章"平衡计分卡：驱动业绩的评价体系"中提出平衡计分卡的四个维度：财务维度、客户维度、内部业务

流程维度、学习与成长维度，并对这四个维度进行了详细描述。该理论认为要从对企业具有战略意义的方面测量企业的绩效，结合企业战略，从平衡计分卡描述的四个维度层面设置衡量指标，这些衡量指标不仅包括财务指标，也涵盖了非财务指标，从而为企业进行全面业绩评价构建了一整套指标体系。财务指标衡量企业战略执行的最终结果，非财务指标衡量企业实现未来业绩成果的关键因素。这一阶段，平衡计分卡绩效评价体系，将非财务因素也纳入企业业绩评价体系中，打破了传统绩效评价体系只关注对企业财务因素评价的局限，使企业能够从战略高度出发，更加全面、系统地对本身的经营业绩进行评价。

平衡计分卡理论的提出，在理论界和实务界引起了巨大的反响。卡普兰和诺顿对起初的 12 家参与项目研究的公司应用平衡计分卡的实际情况进行了全面分析与总结，具体说明公司是如何使用平衡计分卡来提高企业业绩的。基于对这些公司应用平衡计分卡案例的总结，1993 年 9 月，卡普兰和诺顿又发表了"把平衡计分卡付诸实践"一文，文中指出，评价指标与公司愿景和战略有着密切联系，但是，该阶段的平衡计分卡只是在理论逻辑层面与企业战略建立联系的，并且也仅作为传统评价业绩方法的改进工具。

三、平衡计分卡应用于战略管理阶段

平衡计分卡在实务中被广泛运用，不仅能帮助企业进行全面的绩效评价，还有助于企业在管理实践的各个方面取得突破。1992 年该理论被正式提出，直到 1996 年，一些公司在实际运用中还将平衡计分卡的理论延伸到企业战略管理领域并取得了显著成效。1996 年 1 月，卡普兰和诺顿发表了"平衡计分卡在战略管理系统中的运用"一文，该文对企业在进行战略管理中运用平衡计分卡工具的成功案例进行总结，并将这些公司的成功经验进行体系化。至此，平衡计分卡可以作为企业战略管理的基石，将企业业绩衡量与企业的战略实施相结合。企业运用平衡计分卡进行战略管理要分四步走，第一步是描述战略：解释并诠释企业的愿景和战略，利用平衡计分卡帮助企业管理层对战略达成共识，建立共同的沟通语言。第二步是沟通与联系：达成战略共识后，沟通并连接战略目标的指标，并将战略目标在部门之间进行分解，以保证战略管理的协调一致。第三步是制订经营计

划：制定完指标后要为每个指标制定相应的目标值并决定行动方案、配置资源。第四步是反馈与学习。最后，战略得到执行后，要进行反馈与学习，并对战略进行回顾和修正。至此，平衡计分卡绩效评价工具被运用到了企业战略管理中，并以此建立了战略管理体系。

平衡计分卡被广泛地应用于美国的各行各业，各行各业运用平衡计分卡四个维度指标对企业各部门、各成员之间的行动进行协调，制定实现企业目标全新流程；同时在使用平衡计分卡的过程中，将组织的战略分解为组织部门、成员的行动，来保证组织愿景与使命的达成。平衡计分卡在实务界的运用实践，证实了该工具不仅可以评价企业业绩，还能够帮助企业进行战略管理。在前期对平衡计分卡研究成果以及平衡计分卡在实务中的运用的基础之上，1996 年，卡普兰和诺顿出版著作《平衡计分卡：化战略为行动》。至此，平衡计分卡不仅作为业绩评价工具，也作为战略管理工具在理论与实务界被广泛应用，其作为双重工具的理论也初步形成。

四、战略中心型组织提出阶段

一些实证研究表明，大多数企业由于其仍旧桎梏于传统的管理流程而不能成功地实施其战略。商业环境变化性极大，企业要保持持续的活力，进行战略管理显得尤其重要。实务界中的一些企业开始将自身战略目标利用平衡计分卡工具在企业各部门和各成员之间进行分解并分配资源，使企业各部门、各成员围绕企业战略目标组织成一个整体，然后通过对目标的执行及反馈，将企业各流程中的战略信息反馈给上级。这些企业在这种模式中建立起了新的管理中心，通过一轮轮的学习、反馈形成了聚焦于企业战略的"战略中心型"组织。该组织能够更清楚地描述企业的战略，衡量和管理企业的战略。

卡普兰和诺顿在 2001 年出版了专著《战略中心型组织——如何应用平衡计分卡在新的商业环境中保持繁荣》，该专著对平衡计分卡在实务中的运用进行了总结，描述了 200 多家企业运用平衡计分卡工具进行管理的 10 多年经验，书中还抽取了 20 多个典型案例进行细致的分析与研究，为企业实施平衡计分卡工具提供了详细的经验。卡普兰和诺顿的研究不仅解释了企业如何形成战略、如何运用平衡计分卡对企业战略进行分解后置于企业关键管理流程，而且也阐明了如何利用平衡计分卡使企业的战略运行得更加有效。此外，卡普兰和诺顿还提出了战略中心型组织形成的五项基本原则，推动了平衡计分卡的新发展。

五、战略地图提出阶段

平衡计分卡在被应用于战略管理中也出现了一些特定模式：平衡计分卡所包含的四个维度各自的目标之间具有因果联系。清楚地描述了平衡计分卡四个维度之间因果联系的工具，卡普兰和诺顿明确将该管理工具称为"战略地图"。战略地图也涵盖了四个方面，与平衡计分卡所包含的四个维度之间是一一对应的关系，战略地图将财务、客户、内部业务流程、学习与成长四方面所包含的不同内容纳入一条因果链条中，将企业组织最终期望的业绩成果与这些业绩成果的关键驱动因素相连。战略地图以可视化的表述方式，将达成企业组织战略目标的具有因果联系的各项因素以一张地图的形式表示出来。战略地图的核心是围绕企业创造价值的目标，为企业组织管理者制订战略执行程序要素检查单，帮助企业组织管理者及时调整战略规划。卡普兰和诺顿于 2000 年 9 月发表了《战略困扰你？把它绘成图》一文，阐述了平衡计分卡四维度之间的因果关系，以及在绘制战略地图时应遵守的五项基本原则，并为企业组织绘制自身的战略地图提供了一个通用参照模板。

在组织的资产组成中，不只包括财务报表中的可量化资产项目，还有很多无法用数据量化的资产，这些无法量化的资产又在组织的价值创造过程中发挥着关键作用。组织半数以上的资产是传统的财务指标无法衡量的无形资产，无形资产并不能直接为企业带来经济利益，无形资产必须与企业组织的其他资源配合、与企业组织的关键流程一致才能为企业创造价值。绘制组织战略地图可以找到将无形资产转化为有形成果的路径。卡普兰和诺顿于 2004 年出版了专著《战略地图——化无形资产为有形成果》，书中强调了无形资产对企业战略实施的关键作用，并从战略地图上阐述了化无形资产为有形成果的技术路径问题。

六、提出实现组织协同阶段

战略地图具有可以将企业的人力、信息、组织文化等无形资产与企业战略进行协调一致，无形资产与企业战略的协调只是企业组织内部某业务单位的协调，只是企业整体协调的一部分。企业组织整体协同效应的实现，需要企业组织从纵向和横向上将企业内部资源、企业外部各利益相关者联系起来，发挥整体的协同作用。

卡普兰和诺顿于 2006 年出版了专著《组织协同——运用平衡计分卡创造企业合力》，阐述了企业组织通过协同效应来实现期望业绩的方式。卡普兰和诺顿分析了实务中企业运用平衡计分卡实现组织协同的实际案例，指导企业实践。绘制战略地图和运用平衡计分卡工具，为企业组织的管理者提供了一套有效的治理方案，有助于利用组织协同形式为企业创造价值。

企业组织通过平衡计分卡来衡量企业战略，运用战略地图绘制企业战略，形成战略中心组织来管理企业战略，利用组织协同来执行企业战略。平衡计分卡理论发展到现在，已经演变成"描述战略、衡量战略、管理战略、执行战略"的完整的战略管理系统的平衡计分卡。

七、六阶段闭环管理体系阶段

利用平衡计分卡创造企业合力，强调的是对战略的执行，但实务中很多企业的战略与执行几乎完全脱节，而且战略执行不具有持续性，解决战略执行持续性问题成为该阶段研究的重点问题。2004 年，卡普兰和诺顿等研究人员发现，成立监控所有战略执行流程的经理人小组，可使战略得到持续执行，于是，成立战略管理办公室这一设想被提出。战略管理办公室负责创建平衡计分卡管理系统并负责维护，协调处于平衡计分卡涉及范围的企业组织各方面关系，传达企业制定的战略以及企业战略再执行的情况。此外，传统职能部门仍然需要配合战略管理办公室，管理企业预算和人力资源，以使战略能够成功实施。卡普兰和诺顿于 2005 年发表了文章《战略管理办公室》，其中具体描述了战略管理办公室的产生以及其在企业组织中发挥的作用。

卡普兰和诺顿在北美和欧洲地区企业实务中的不断试验的基础上，提出了"制定战略—规划战略—组织协同—规划运营—监控与学习—检验与调整—制定战略"的七阶段闭环管理体系，使企业的战略执行能够持续进行。2008 年，卡普兰和诺顿发表专著《平衡计分卡战略实践》，对七阶段闭环管理体系进行具体描述，并引导企业构建这种管理体系，同时，对大量的企业管理创新进行整合，以利于企业更好地运用平衡计分卡来管理战略。

平衡计分卡来源于实践，又应用于实践，并在实践中得到不断发展和提升。

第二节 平衡计分卡理论的核心内容

平衡计分卡理论主要包括财务、客户、内部业务流程、学习与成长四个层面的内容。

一、财务层面

财务层面展现的是企业最终获得的业绩成果。企业是以营利为目的的，为股东创造更多的财富是企业追求的永恒主题，平衡计分卡其他三个层面的指标也是围绕财务层面目标的实现进行设置的，财务层面不仅是其他三个层面的出发点，也是这三个层面的最终归宿。财务层面的指标反映定量的财务数据分析结果，财务结果可以使企业管理者与预期财务结果进行比较、找出差异，并结合平衡计分卡其他三个层面的改善情况，分析企业在产品质量、客户资源、生产效率等方面的问题，并从中找到问题的原因。

财务层面的衡量指标主要有营业收入、毛利率、股东报酬率、核心利润率、经济增加值等指标。从股东的角度出发，指标的选择应与企业的战略选择方向一致——生存、获利与发展，同时配以相应的财务主题——收益增长、成本降低或生产力提高、资产利用程度提高等来形成不同的衡量指标。企业的战略发生变化时，财务层面的评价指标也需要做出相应变化。

二、客户层面

客户层面反映企业与客户之间的关系问题，体现了企业客户需求变化以及市场竞争环境变化的反映。始终了解客户需求，走在客户需求的前沿，企业才能在竞争市场中抢占先机，获得持续的利润来源。客户层面的评价从质量、交货期、产品和服务的类型、成本这四个方面入手。客户也往往从这四个层面来形成对企业的印象，企业想要在客户心中树立良好的形象，也应当从这四个方面着手。

客户层面的评价指标主要有市场份额、客户维持率、客户忠诚度、客户满意度、客户获利能力、新客户获得情况等。市场份额可以衡量企业已获得的客户的广度，是企业有针对性地找准目标客户，并将目标客户控制在其生产范围内购买产品或服务。客户维持率，衡量企业保有老客户的能力；客户忠诚度，衡量客户对企业的忠诚程度。这两个指标考察企业与客户关系的密切程度。客户满意度反映了客户对企业产品、服务的态度；客户获利能力，衡量客户对企业贡献的深度，该指标直接与财务指标的提升有关；新客户的获得情况，可以衡量企业在扩大业务的过程中扩展目标市场中的客户的广度。前面的指标主要还是衡量企业所获得的客户的广度，然而市场份额大并不一定意味着企业具有市场优势，只有当客户对企业的贡献具有一定的深度时，企业才能获得丰厚的回报。客户获利能力是指扣除发生在每个客户身上的特定费用后所获得的净利润，反映的是能为企业带来利润的客户。

三、内部业务流程层面

内部业务流程是指企业的市场调研、产品开发、产品生产、产品销售、售后服务等一系列活动，该流程是企业创造经营利润的关键流程，也是企业改善其财务绩效的重点流程。企业在客户层面目标的实现需要该流程的支持。

内部业务流程可以分为创新、经营和售后服务三个流程。创新表现为企业确立新市场、开发新客户、研制新产品，以及创新工艺流程和提出新的企业管理方法等。企业的发展会经历成长、成熟、衰败等阶段，生命周期理论要求企业唯有不断的创新，才能保持持续不断的活力和经营利润。企业评价创新的效益，可采用如"研发支出比重""新产品开发周期""新产品收入比重"等指标来衡量企业创新效益；经营流程是指企业接受客户订单—生产产品或服务—提供产品或服务的过程，可从"时间、质量和成本"这三个方面对经营流程进行评价；售后服务流程是指为客户提供产品或服务的售后服务过程，如为客户提供保修书、保修期、退换货服务等。售后服务对于公司的形象维护十分重要，也是客户合理权益获得的重要保障。可以用售后服务反应和处理时间、售后服务成功率、售后服务客户满意度等指标对售后服务进行评价。

四、学习与成长层面

学习与成长层面涉及企业的员工资源、信息技术资源和程序性资源这三种企业资源。企业在前述的三个层面的目标在学习与成长层面的体现主要是企业现有的员工、信息技术和程序方面的能力与能够实现企业预期业绩目标的能力之间的差距。企业的员工不是企业生产的附属物，他们不仅需要劳动，同时也需要思考。要弥补现有能力与预期能力之间的差距，对员工进行培训、提高企业的信息化能力、协调好企业的程序性资源是关键方面。在学习与成长的三方面资源中，提高员工能力和员工积极性至关重要。这方面的指标主要有员工培训支出、员工满意度、员工的稳定性、员工的生产率等。

平衡计分卡的四个方面并不是互相孤立的，而是相互联系、互为因果关系的。平衡计分卡的学习与成长层面表明了企业需要什么样的员工、什么水平的信息技术能力和系统性资源，才能在内部业务流程层面建立起企业自身的竞争优势，从而保持企业的战略优势，使企业能够在客户层面为目标市场、目标客户提供有价值的产品和服务，从而最终实现财务层面企业预期的利润目标。

平衡计分卡的精髓就在于其"平衡"理念及其因果关系链。一张平衡计分卡战略图就是一系列因果关系的网络。平衡计分卡结合企业的愿景和使命，帮助企业从战略高度确立目标，为了达成企业战略目标，从财务、客户、内部业务流程、学习与成长四个维度出发，阐述各个维度的具体目标，并为各维度达成相应的具体目标制定行动方案和评价指标，从而建立一套既能评价企业绩效，又能进行企业战略管理的系统。

第三节　平衡计分卡理论的"平衡"理念

古希腊诗人欧里庇得斯（Euripides）说过："最重要和最安全的事就是保持生活的平衡，并认识到在我们周围和我们身上的伟大力量。如果你能够做到这点并以这种方式生活，那你确实是一名智者。"这种从日常生活中透露出的平衡智慧同样适用于企业组织，企业管理不能厚此薄彼，应当平衡内部管理的各方面。

平衡计分卡本身就包含"平衡"二字，强调"平衡"发展理念。平衡计分卡综合考察了企业的各个方面，从整体上对企业进行评价，既有整体思想，也有局部观念。平衡计分卡的"平衡"理念主要体现在以下几个方面：

一、短期目标和长期目标的平衡

日益激烈的市场竞争和多变的市场环境，迫使企业不但要走好眼前路，注重短期目标（如利润），还要远盯前方路，制定出长期的发展目标。平衡计分卡工具就能够帮助企业实现这双重要求。平衡计分卡将企业战略目标进行分解，并在不同的部门和成员之间进行目标任务分配，部门和成员根据企业依据总战略目标制定的总计分卡来设计出自己的分计分卡。部门和个人计分卡既体现了长期目标，也包括阶段性目标及行动方案。通过这种从上至下的分解和联结，平衡计分卡不仅帮助企业实现短期财务目标，还关注了企业未来的发展情况，使企业短期发展和长期发展达到一种相对平衡状态。

二、财务指标和非财务指标的平衡

以财务指标为重的绩效评价法，会导致企业管理层只重视取得和维持短期的财务结果，使企业管理者更加急功近利，过多地进行短期投机行为，导致企业减少能够实现企业长期战略目标但不能带来短期利润的资本投资。财务指标针对的是已经发生的事情，即经营活动的结果，无法充分评价企业未来的价值创造。平衡计分卡不仅从定量的财务结果层面对企业进行评价，还从定性的非财务结果层面评价企业的关键流程，揭示了企业关键的价值创造流程，以及企业未来绩效的驱动因素，弥补了依赖财务指标的局限，使评价体系更加完整。

三、外部衡量和内部衡量的平衡

平衡计分卡不仅关注对企业内部群体的评价，还重视企业的外部利益相关者。股东和顾客是外部群体，而员工和内部业务流程是内部群体，不同群体之间通过一系列契约联系起来。然而不同群体的背后隐藏着利益的冲突，这些群体对企业绩效的认知也有各自不同的视角，存在着不同的绩效预期。这些绩效预期有财务方面的、非财务方面的，有短期的也有长期的。平衡计分卡考虑了企业内、外部利益群体的不同绩效预期，利用因果关系链将不同群体的预期目标结合起来，通过分析不同利益群体相同的利益需求，将企业内、外部群体协调起来，并达到一种平衡状态。

四、结果指标和动因指标的平衡

企业要达成预期的财务目标的关键，是明晰企业的预期绩效成果并明确能够驱动企业预期绩效成果达成的关键因素。平衡计分卡对能够创造绩效成果的关键因素以及与关键绩效因素相关联的因素进行分析，寻找能够代表这些因素的指标，从而为指标之间建立驱动关系。这使企业不仅有可以评价的结果指标，也有具有前瞻性的驱动因素指标，同时，使企业能够控制和管理当下的活动，寻找动因促使想达到的结果指标的实现。

第四节　平衡计分卡的应用实践

平衡计分卡自被广泛应用于实务界后，助力一些公司取得了不错的成就：

美国纽约化学银行 1998 年的利润相较于实施平衡计分卡之前增加了 20 倍；1998 年加拿大 ATT 公司实施平衡计分卡后从实施以前的亏损 3 亿美元到当年的客户基数增长一倍；英国电信成功实施全球扩张战略也得益于平衡计分卡的实施；美国布朗工程公司 1996 年将三年前的亏损状态扭转为营利状态，并且公司业务增长量、获利能力均跃至行业首位；CIGNA 财产和伤亡保险公司借助平衡积分卡从每年亏损 2.8 亿美元，到业内排名居前 25；美孚石油实施平衡计分卡后获利率从 1993 年的行业末位上升到 1995 年的行业首位；借助平衡计分卡工具，西尔斯百货公司实现扭亏为盈，1999 年，其获得《财富》杂志"全球最具创造力零售公司"称号；实施平衡计分卡后，2001 年，西门子行业排名上升 5 位，位列第二，且公司经营成本降低了近 50％；1999 年，联合包裹快递公司运用平衡计分卡工具使公司营业利润同比增长 23％，营业收入同比增长 9.1％；Brown & Root 能源服务集团 Rockwater 分公司 1993 年引进了平衡计分卡，1996 年，该公司的增长和获利率均在本行业位居榜首。

平衡计分卡在 21 世纪初期才被广泛应用于一些中国企业，这些企业在运用平衡计分卡的实践中成效显著：

2000 年，万科企业股份有限公司（以下简称"万科"）开始实施平衡计分卡，经过两年的部署，平衡计分卡在万科扎根。万科利用平衡计分卡的管理思想——强调可持续发展，避免企业一味地追求短期利润而忽视可持续发展，以此来弥补自身业务和管理上的缺陷。通过成功地运用平衡计分卡方法，万科明晰了战略发展模式、准确定位了战略路线、量化了企业的绩效考核方式、强化了企业的竞争能力，并提高了企业的管理能力。

2002—2007 年，青岛啤酒股份有限公司（以下简称"青岛啤酒"）进行了"大整合"，这期间青岛啤酒通过实施平衡计分卡，在 2007 年上半年的财务结果表现上，青岛啤酒营业收入相较去年同期增长 16.93%，营业利润相较去年同期增长 50.41%。且根据权威机构评估，青岛啤酒的品牌估值近 260 亿元。

滨海能源发展股份有限公司 2004 年通过实施平衡计分卡获得业绩突破性增长：2005 年销售收入同比增长 43%，净利润同比增长 115%，净资产收益率更是从 2004 年的 4.57% 增长至 8.96%，增长了将近一倍，同时，其煤耗成本也下降了 27%。

新奥能源控股有限公司（以下简称"新奥集团"）是致力于清洁能源生产的公司，其于 2006 年引入平衡计分卡，先后在集团层面、各事业部层面、事业部下属各成员企业及企业内部各部门层面进行广泛推广。通过实施平衡计分卡，新奥集团的市营率在 2006—2008 年，从 27.29% 上升到 28.22%；新奥集团 2009 年上半年每股营利在同行业竞争者中是最高的，为 0.85，比第二名高出 0.63。2009 年上半年的毛利率为 30.5%，仅次于华润燃气有限公司；边际经营业务营利从 2008 年的 13.68% 上升到 2009 年年末的 16.42%。

2008 年，为了改善经营管理状况、提高战略目标的执行效率、加快推进信息化建设，中国石油华北油田公司（以下简称"华北油田公司"）开始实施平衡计分卡。平衡计分卡为其明晰了战略管理的关键点，并为其战略管理与预算管理之间搭建桥梁。华北油田公司在实施了平衡计分卡 1 年后，华北油田公司获利率增加了 12%，同时，华北油田公司的战略执行效率也比之前增加了 12%。

综上所述，平衡计分卡的运用涉及不同国家、不同行业，无论是国外企业还是国内企业，在运用平衡计分卡后，不仅在企业战略执行上取得成功，而且在最终获得的财务业绩成果上取得了耀眼的成绩。本文研究的主体是江西省资源类企业，研究内容是对该类企业基于创新能力进行的业绩优化，因此，本文选取了两个成功运用平衡计分卡的资源类企业的案例——美孚石油北美区营销炼油事业部、滨海能源发展股份有限公司——进行着重研究，希望在对两个资源类企业案例进行分析的过程中得到借鉴与启示。

一、美孚石油北美区营销炼油事业部平衡计分卡应用实践

1. 美孚 NAM&R 平衡计分卡实施背景介绍

20 世纪 90 年代，当时的全美第五大炼油厂是美孚石油北美区营销炼油事业部（以下简称"美孚 NAM&R"），直到 1994 年，美孚 NAM&R 的组织结构一直都是按照职能编制的。当时由于汽油和石油产品市场需求疲软，市场参与者为了获得更高的利润，开始从产品销量上着手，通过增加销量的方式来增长利润，因此激烈的产品价格的竞争开始在市场主体之间展开，然而不当的价格竞争的结果非但没有使企业利润增加，反而出现了下滑。美孚 NAM&R 的处境尤其艰难，1992 年，精炼和营销业务开始出现亏损，整个事业部在当年的销售额仅 150 亿美元，在行业中处于排名垫底的尴尬境地；投资回报效益不佳，甚至连设备的维护和改良都必须依赖母公司的注资。美孚 NAM&R 的困境与其内部管理模式的官僚化、程序化是分不开的。这种运作机制使公司内部关系、管理过程都严重阻碍创新性，导致运营效率低下，而且将客户置于对立面，组织内员工以一种非常狭隘的方式追求各职能部门、各员工的业务成果。为了改善事业部的发展困境，其管理层于 1994 年开始正式实施平衡计分卡。

2. 美孚 NAM&R 的平衡计分卡

最初，美孚 NAM&R 采用产品领先战略参与与对手的竞争，但竞争对手也在采取类似的做法，导致以产品领先实现企业竞争优势的战略收效甚微。此外，由于石油行业资本密集、原料昂贵且以标准化的大宗产品为主，其他竞争对手都积极去提高生产力、缩减生产成本，从而导致成本领先战略也不能为企业带来长久的竞争优势。为了打破价格战的僵局，美孚 NAM&R 改变以往"产品领先""成本领先"战略，通过细分市场，把目标客户群体定位为能为公司带来更高收益的道路勇士、忠诚族和 F3 世代

三类客户群体，建立起"客户聚焦"的新型战略，同时，为了促成战略目标，公司运用平衡计分卡工具，围绕新型战略构建了一整套评价体系。美孚 NAM&R 平衡计分卡指标体系构建如表 5-1 所示。

表 5-1　美孚 NAM&R 平衡计分卡指标体系构建

类别	策略主题	策略目标	策略指标
财务层面	财务成长	投资资本回报率	投资资本回报率
		现有资产利用	净现金流
		获利	净利润率（与同行比较）
		成本优势	吨油成本（与同行比较）
		获利成长	销售量增长率（与同行比较）
			高级品所占销售比例
			非油产品的销售收入与毛利
客户层面	让客户有愉悦的消费体验	使目标客户群有愉悦的购买体验	目标市场占有率
			神秘访客测评
	双赢的经销商关系	建立与经销商的双赢关系	经销商利润水平
			经销商满意度
内部业务流程层面	建立经销优势	创新的产品与服务	新产品投资报酬率
	安全与可靠	业界最佳经销团队	新产品被接受率
	具有竞争力的供应商	炼厂绩效	经销商质量评价
	质量	库存管理	设备良好率
	社区的好邻居	成本优势	非计划停工次数
		符合规格和交货日期	存货水平
		提升工作环境的安全卫生	缺货率
			运营成本（与同行相比）
			交货水平评价
			环境事故次数
			安全事故次数
学习与成长层面	训练有素且士气高昂的工作团队	利于行动的组织气候	个人评价
		员工核心能力与技能	员工反馈
		策略性信息的获取	战略性技能水平
			策略性信息完备率

确定客户聚焦战略后，美孚 NAM&R 必须将其传统的、以内部运作为焦点的组织，转变为以外部客户为焦点的组织。美孚 NAM&R 高层管理者积极推动，由上自下地开展工作，在战略和员工工作之间建立联系，使每位员工都了解战略的内涵以及个人需肩负的责任。此外，为了有效地激励员工，美孚 NAM&R 将平衡计分卡与员工的奖励挂钩，使业务单位经理的奖金提高了 20%，在员工的奖金中，30% 以美孚 NAM&R 的绩效为基础，70% 以 NBU 的绩效为基础；服务公司员工的奖金也是 30% 以美孚 NAM&R 的绩效为基础，20% 与其他业务单位挂钩，50% 与服务公司的平衡计分卡挂钩。

3. 美孚 NAM&R 平衡计分卡实施效果

1992 年、1993 年美孚 NAM&R 还处于亏损且行业内排名倒数的状况，1994 年开始实施平衡计分卡后，1995 年实现了行业内营利能力第一的巨大转变，ROCE 增加到了 16%，大幅超过行业平均值 56%；销售增长率每年比行业增长率高出 2%；年度营运现金流每年增加 10 亿美元，现金支出则下降了 20%；使用便捷快速通道的客户量每年增加 100 万人；每加仑石油精炼、营销和运输成本节约了 20%；安全事故发生率降低了近80%，停工率也下降了 65% 以上；员工理解战略程度增加了 60%。通过实施平衡计分卡，美孚 NAM&R 的运营得到了明显的改善。

二、滨海能源发展股份有限公司平衡计分卡应用实践

1. 滨海能源公司平衡计分卡实施背景介绍

滨海能源发展股份有限公司（以下简称"滨海能源公司"）是一家能源类上市公司，公司主要从事开发区的热力、电力生产。1997 年公司上市，当时公司主业是生产加工、销售涂料及相关产品。受累于涂料市场残酷的竞争，2001—2003 年，公司亏损额累计达到 1.27 亿元，连续 3 年亏损迫使公司的股票被暂停在市场上交易。公司为了保住上市地位，同时考虑到公司涂料业务不仅营利性差且无市场前景可言，公司决定将涂料业务这类不良资产进行整体置出，同时，置入优质的热电类资产，使公司能够依赖置入资产稳定营利，避免退市。公司此次重大资产重组之后，整体经营状况好转，又于 2004 年 10 月 18 日恢复上市。

滨海能源公司借壳上市后，转变为提供电力和蒸汽的能源类上市公

司。由于滨海能源公司进入新型业务领域，内部外部环境均面临着巨大挑战：公司上下对未来的发展战略不明确，内部运营管理问题丛生，缺乏战略考核体系；各开发区发展迅速，生产能力的提高导致对热能、电力资源的需求越发旺盛；竞争对手依靠低成本开始吞噬公司垄断的现有市场。"如何理顺内部管理、形成上下一心的公司合力""如何满足开发区不断增加的能源动力需求""如何应对激烈的市场竞争"，是其需要解决的重要问题。

2. 滨海能源公司的平衡计分卡

2004 年 11 月，滨海能源公司开始实施平衡计分卡，制定了提升生产效率和增加收入两大长期发展战略，并为达成两大战略制定了相应的措施。为了提升生产效率，滨海能源公司决定对现有业务的生产流程进行全方位管理，从而在降低公司成本的同时，提升公司的运行效率；为增加营业收入，公司在蒸汽业务的基础上，又开发出蒸汽制冷新业务，为公司增添了一个新的收入增长点，同时，积极同同类型企业开展战略联盟，与战略联合体一同开发新市场、建立热电基地。

另外，滨海能源公司制定了总公司层面的平衡计分卡，并绘制了总公司层面的战略地图，使上下级之间可以进行顺畅的沟通并协调战略，将公司的战略目标通过平衡计分卡分解到各下属分公司，使公司的内部流程更加完善，然后还制定了职能部门的战略地图、计分卡与联系计分卡，促使职能部门转变职能；公司还将预算管理、生产管理与平衡计分卡相联系，整体推动公司的发展；确定了相应的战略衡量指标及实现战略的投资计划与行动方案；制定了战略导向的浮动薪酬制度。滨海能源公司平衡计分卡的构建如表 5-2 所示。

表 5-2 平衡计分卡指标体系构建

战略目标	战略评估手段	
	结果 KPI	驱动 KPI
财务层面		
收入增长	投资回报率	新业务收入
	收入增长率	
成本降低	单位成本	
客户层面		

续表

战略目标	战略评估手段	
	结果 KPI	驱动 KPI
提升生产能力，满足开发区发展需求	生产能力满足开发区发展需求的百分比	各开发区满意度
通过新产品来帮助客户创造价值	新产品的客户获取率	客户满意度
提升客户现有服务满意度		
管理投融资关系		社会股东等满意度
内部业务流程层面		
兼并竞争对手	兼并整合创造的协同收益	兼并对手、整合其他能源产业、建立战略联盟的时间
整合其他能源产业		
利用战略联盟共同开拓市场	战略联盟新市场收入占总收入百分比	
新产品开拓	新产品收入占总收入百分比	新产品客户认知度
优化经济运行	单耗	
优化流程、降低维修成本	维修成本降低率	
建立采购联盟，降低采购成本	采购成本降低率	联盟采购占采购量的百分比
增进与客户沟通，降低不稳定	稳定生产率	最低库存量、关键客户沟通情况
优化管理流程，保证正常运行	设备完好率	设备维修情况
安全作业	事故率	安全措施落实
环保符合政府要求	有害物排放	环保措施落实
学习与成长层面		
培养战略性技能	员工生产率	战略性技能覆盖率
员工提案制	员工提建议数	员工满意度
跨职能团队与企业文化	建议被采纳结果	跨职能团队的建立情况

3. 滨海能源公司平衡计分卡实施效果

通过实施平衡计分卡，滨海能源公司所有员工的理念发生根本性的转变，工作技能与整体素质大幅提升；公司的每位员工都非常清楚自己工作的好坏对公司级与部门级的目标实现有何影响，从上到下形成了合力，初步建立起战略中心型组织。平衡计分卡的实施优化了滨海能源公司的内部运行管理，降低了生产流程的成本，同时，优质的产品帮助其扩张了市场份额，助力其积极地与同类型的企业进行资源整合，在增强市场竞争力的同时，也提升了企业的形象。

滨海能源公司通过实施平衡计分卡获得业绩突破性的增长：2005 年，销售收入同比增长 43%，净利润同比增长 115%，净资产收益率更是从2004 年的 4.57% 增长至 8.96%，同时，公司的煤耗成本也下降了 27%。平衡计分卡的实施使滨海能源公司获得了巨大的成功。

三、对江西省资源类企业进行业绩优化路径探讨的启示

1. 平衡计分卡第五维度——资源与环境维度，助力企业实现"绿色发展、可持续发展"目标

20 世纪 90 年代初，由于僵化的管理体系及效益低下的作业效率，美孚 NAM&R 炼油事业部在面临当时激烈的外部竞争时毫无招架之力。由于不能及时应对外部竞争环境的变化，美孚 NAM&R 利润大幅下降，年销售额在行业中的排名也处于垫底的位置，公司自有资金不足，连基础的机械设备的改良和维护费用也需要母公司垫资，因此，美孚 NAM&R 开始实施平衡计分卡，并在平衡计分卡管理工具的帮助下，通过改革内部管理体系来有效地应对外部环境的变革，以保持企业在行业中的竞争地位。美孚 NAM&R 之所以能摆脱困境得益于其在积极主动地适应外部市场环境的变化，并对自身做出改变，通过平衡计分卡管理工具由内而外武装企业，变革管理体系，提出更加适应外部竞争环境变化的有效管理途径，从而取得了良好的效益，达成了最终的财务绩效目标。

因此，江西省资源类企业也应当审时度势，密切关注外部市场环境、监管环境以及政策环境的发展变化，并积极改变自身的管理来适应外部环境变化。对于江西省资源类企业业绩优化路径的探讨，也应当创新地提出基于外部环境变化而采取的有效应对手段，并倡导企业积极实践。

（1）注重承担环境责任，实现企业绿色发展。

我国经济长期粗放式发展，造成了突出的环境问题，潜在的环境危机也制约着中国经济的发展。由于资源类企业行为对环境影响大，负外部作用很强，就江西省矿产资源类企业而言，企业发展造成了突出的环境问题：如开采矿山场地、尾矿坝建设用地等，对土地造成了破坏，导致水土

等资源的流失；矿山开发利用过程中，产生的三废（废弃、废水、废渣）不仅对大气、水体造成污染，也污染了邻区的土质；过度的开采开发改变了原有矿山地貌，也引起了山体滑坡、地陷裂缝、泥石流、尾矿坝泄露等次生灾害。此外，矿石运输也会造成扬尘污染和噪声污染等。环境问题频发折射的是资源类企业对其发展造成的环境问题的不重视，企业缺乏完备的环境管理机制。

绿色发展概念是 2011 年在我国的十二五规划中所提出的。2012 年，党的十八大提出"美丽中国"概念，强调把生态文明建设放在突出地位，并将生态文明建设纳入"五位一体"的总布局。2015 年，习近平在党的十八届五中全会第二次全体会议上提出了创新、协调、绿色、开放、共享的发展理念。2016 年，通过了《中华人民共和国环境影响评价法》以及一系列相关环保政策，同年，在可持续发展战略的指引下，"发展循环经济，绿色环保产业"被写入"十三五"规划纲要。我国的环保监督体系日趋完善，企业违反环保政策的相关成本也将水涨船高，慎重考虑环境因素，转变经营管理理念，建设环保型企业，减少企业行为对生态环境产生的负面影响，注重企业可持续发展能力建设，是企业未来的发展趋势。

（2）注重实施资源战略，实现企业可持续发展。

江西省多数资源类企业是以为矿产资源的开发利用而发展壮大的，资源类企业生产的最大特点是对资源的依赖性，而资源又具有稀缺性，不合理的开采和开发必将最终造成资源枯竭，若只追求单一的矿产资源开发利用经济发展模式，资源类企业的发展也必将终结。当前，由于江西省多数资源类企业长期粗狂式的发展，造成江西省的矿产资源优势逐渐减弱，矿产保有资源储量呈现逐年下降的趋势，资源的保证程度愈发不足，将在未来严重制约依赖矿产资源发展的企业。此外，由于江西省民营小矿山数量多，相当数量的企业技术力量薄弱，应用技术开发滞后，机械化程度低，因此造成了企业能耗高、效率低、采富弃贫、采易弃难等粗放式的发展模式，也造成了严重的资源浪费。大多数矿产资源企业仍以出售原矿、初级精矿产品与普通冶炼产品等低附加值的产品为主，产品单一、产业链短。资源本身的匮乏性和企业发展中对资源不合理的利用性造成了当下资源短缺和资源浪费的局面。

资源充足对于资源类企业发展而言至关重要。基于可持续发展战略，我国"十三五"规划纲要也提倡"发展循环经济,绿色环保产业"。在国家政策的大背景下,江西省资源型企业若要长久发展,就必须重视实施资源战略,不仅要以更加科学、合理的方式开采资源,也要提高对资源的利用程度。

综上所述,基于对环境问题和资源问题的双重考虑,江西省资源类企业应当转变发展模式,采取更科学合理的管理体系,践行对环境的责任和对资源的利用。因此,我们构建了平衡计分卡的第五个维度——资源与环境维度,帮助企业将环境和资源理念借助平衡计分卡管理工具的实施融入经济的建设中,使企业将其环境责任、资源责任提升到战略管理的高度。这一举措也契合了当下"企业绿色转型、绿色发展、可持续发展"的要求。完善后的平衡计分卡管理工具将有助于江西省资源类企业在实现资源效益的同时,兼得环境效益的提升,最终达成企业的财务目标。

2. 利用平衡计分卡管理工具撬动企业管理变革,实现企业转型升级

滨海能源公司在实施平衡计分卡之前,处于亏损并面临退市的困境之中,为了保壳,滨海能源公司实施资产重组,整体置入具有稳定营利能力的热电类资产,摒弃原有亏损的涂料业务。该公司此次重大资产重组活动,给业务管理带来了巨大挑战,公司原身是做涂料类业务的,重组后以开发热电力业务为主,两种业务的交替更迭使其面临着管理困境。滨海能源公司为完善其内部管理体系,引入平衡计分卡管理工具,通过改革一系列的管理举措,最终实现了管理变革,使管理更加适用新的业务模式。因此可以说,滨海能源公司之所以能获得巨大的成功,是靠平衡计分卡管理工具实现了新旧业务交替下的整体管理变革,实现了各方面的管理协同,在公司内部形成合力,最终实现了经济效益的增加。

随着 2009 年鄱阳湖生态经济区规划、2012 年江西省赣南等原中央苏区振兴发展、2014 年江西省生态文明先行示范区建设等国家战略的逐步实施,江西省的发展已经进入加速的爬坡期。自 2014 年建设生态文明先行示范区上升为国家战略起,江西省的发展把生态优势转化为发展优势,实现绿色崛起,推动绿色循环低碳的发展生产方式,提高矿产资源的高效利用、清洁利用,已经成为江西省新的发展方向。新时期对江西省资源类企业的发展也有新要求,即企业不仅应凭借自身努力为江西省 GDP 总量做出贡献,还应当注意在生产发展中减少对环境的破坏,实现绿色崛起目标。对于江西省的资源类企业而言，应当采取既关注经济效益又不损害环境效益的协同模式，走绿色发展、可持续发展的新型发展路径。

　　而实现战略转型的关键，是企业内部管理的转型升级。企业要革新管理模式、理顺管理运行体制、明确战略发展规划，又正好与平衡计分卡管理工具所倡导的思想一致。因此，江西省资源类企业可以在可持续发展理念的指导下、在平衡计分卡倡导的平衡管理思维的指引下，推动企业管理升级，撬动企业绿色发展转型，变革企业内部管理，从而改变企业对外部环境的行为活动模式，由内而外地帮助企业践行可持续发展理念，通过开展消耗更少资源、产生更少废物和制造更少环境损害的活动来降低企业对环境的影响，实现经济效益、环境效益双丰收。

第 六 章

江西省资源类企业业绩优化路径研究

平衡计分卡理论强调"均衡"发展的重要性。平衡计分卡理论在美孚USM&R、滨海能源公司的应用实践也彰显了企业经济效益的实现，需要企业兼顾到各个方面的改善，需要企业各方面的均衡发展。当前，江西省资源类企业的发展模式，只关注企业经济效益的获取，不注重资源安全、环境保护。生态环境的污染、资源的枯竭，制约了江西省资源类企业的发展，影响企业在市场中的竞争地位。为了获得长久的经济效益，资源类企业应当贯彻均衡发展的理念，不仅要关注企业效益的提高，也应注重资源环境的保护。

第一节　江西省资源类企业基于战略目标管理的业绩优化分析

平衡计分卡以企业战略为核心，通过对企业战略的准确描述，从企业管理的财务、客户、内部业务流程以及学习与成长四个层面出发，以实现企业战略为目标，将战略执行贯穿于这四个互为因果联系的方面。可见，清楚地描述企业的战略，是平衡计分卡管理工具的重中之重。美孚USM&R、滨海能源公司平衡计分卡战略管理工具的成功实施，都是战略先行。

当前，江西省资源类企业在矿产资源的开采、加工、生产方面缺乏对可持续发展的考虑。现阶段，江西省虽然在矿产资源的储量及品种上较丰富，但是经济的快速增长是建立在更快的资源消耗之上的，从长期来看，资源的供给速度将会落后于经济的发展速度，二者将会矛盾丛生。此外，由于国家出台各项严格的环保政策、各国间绿色贸易的不断升温和消费者日趋强烈的绿色需求偏好，企业的核心竞争力越来越需要通过绿色发展来体现。资源类企业核心竞争力的强弱，直接影响其市场表现和经营业绩的优劣。

在当前的竞争环境中，资源类企业仅依靠传统的管理经验已经无法准确掌握和判断多变的市场环境下催生的新的竞争动态，因此，江西省资源类企业迫切需要在管理上进行系统再造，运用科学的管理方法，从培育企业核心竞争力的目标出发，制定企业新的发展战略，并以此来指导企业的发展和生产。

第二节　江西省资源类企业基于财务创新的业绩优化分析

平衡计分卡的财务维度倡导"增加收入"和"降低成本"，这也是营利性质的企业所追求的永恒话题。江西省资源类企业在"增加收入"战略主题方面，收入结构相对单一；在"降低成本"战略主题方面，成本管控又极受计划经济观念影响，偏重制造成本管理。因此，对于江西省资源类企业基于财务创新的业绩优化路径，将从"延伸产业链，拓宽收入渠道"和"企业全价值链成本管理"两方面展开。

1. 延伸产业链，拓宽收入渠道

现阶段，江西省多数资源类企业发展模式属于粗放型，即依旧采取消耗资源的方式来获得经济效益的提升，但是，这种掠夺式的资源开发，不仅加剧了资源的消耗速度，也阻碍了企业的长期健康发展。比如，江西省的稀土资源、钨矿等矿产资源的开采量大，造成了资源的过量消耗，同时，又由于企业对资源的加工深度不够，长期低价将原材料等初级产品大量对外出口，经国外深加工后，又以高于出口初级产品数倍的价格返销国内。这种不良的供应链循环模式阻碍了江西省资源型企业获取规模经济效益，影响企业竞争优势的培育，同时还会影响企业良性可持续发展模式的形成。

从矿产资源产业链来看，仅靠出售原材料获取的利润极低，而经过矿产资源冶炼及精深加工产品才是江西省资源类企业矿产资源产业链的利润所在，因此，实行矿产资源产品的精深加工、纵向延伸产业链、生产高附加值的产品是江西省资源类企业获取经济效益的有效途径。江西省资源类企业应当以市场需求为导向，向下游延伸产业链，发挥技术研发优势，重点开发优势矿产资源产业的精深加工，研发高附加值产品，并使其成为江西省资源类企业收入增长的支柱，增大企业的利润空间，提升企业的产品优势。

资源类企业产业链上最重要的一环就是有充足的资源保证生产。当前，江西省资源类企业长期粗放式的发展模式已经造成资源的逐步枯竭，产业链上资源供给环节一旦缺失，资源产业链将无法延伸，资源类企业就无法在原有产业上继续发展。受困于资源短缺现状，江西省资源类企业也可以向相关产业转型，通过生产与原产业链相关的产品来拓宽收入渠道。逐步退出原来的产业后，江西省资源类企业可以利用其与其他企业在资金、渠道等方面的联系，通过开展与同处价值链上的上下游企业之间的合作进行产业转型。在向与企业主业相关联的业务的转型中，江西省资源类企业由于对该行业比较了解，在转型之后能够快速进入发展正轨，并且能够快速获得市场准入。此外，资源类企业还可以继续利用原有的资源渠道，消除因企业的资源枯竭造成的资源不足问题。因此，江西省资源类企业向相关产业转型后，能够在较短时间内恢复正常的生产经营，恢复元气以及竞争力。

2. 开展企业全价值链成本管理

江西省资源类企业大多建立于计划经济时期，计划经济观念和行政色彩浓重。这就导致江西省资源类企业只对产品生产成本进行管理，不注重对其他环节产生的成本的管理，但是，生产成本只是资源类企业成本价值链条中的一环，其"降成本"目标的实现，不能仅靠制造成本的降低而实现成本价值链条总成本的整体降低。

市场经济变幻莫测，在当前新的经济形势下，各行各业均面临着生存竞争压力。矿产资源生产型企业对降低成本情有独钟，但其长期采用较落后的成本管理方式，难以满足不断变化的竞争环境的需求，且矿产资源类生产企业只注重生产环节的成本管理。事实上，企业成本产生于生产经营管理的各个环节，只偏重对生产成本的监控难以全面把握企业的成本全貌。另外，这种偏差还会造成企业做出错误的投资、生产决策等。

平衡计分卡理论的内部业务流程层面包括创新流程（即研发环节）、生产流程和售后服务流程。相应地，这三个流程所进行的业务活动也必将产生成本，即每个流程都会产生成本的驱动因素。制造成本产生于生产流程中，而创新流程和售后服务流程所产生的成本，企业也应当纳入成本控制体系中。江西省资源类企业应当革新其成本管理理念，拓宽成本管理的视野，进行全价值链成本管理，不仅应持续保持对生产流程成本控制的关注，还应当将成本管理的范围向前延伸至开发设计流程，向后延伸至售后服务流程之中。

具体来讲，江西省资源类企业应当从价值链的角度出发，明确企业的各项内部业务流程，树立企业全流程管理的成本控制理念。向前，在研发设计环节，应将预测技术发展趋势产生的费用，产品研发设计耗费的资源、人力成本，开采矿产资源的技术成本，开采作业成本，社会责任成本，环境成本，预估的弃置费用等纳入企业研发设计流程的成本控制体系中；在生产制造环节，除对制造费用保持控制外，还应当考虑技术成本、企业信息使用成本、各种决策成本、环境治理成本等；向后，在售后服务环节，应当充分考虑到矿产资源产品的销售成本、人力资源成本、环境维护及弃置费用等，这些都要进行科学适当地控制。

第三节　江西省资源类企业基于客户关系管理创新的业绩优化分析

影响企业发展的因素不仅包括企业内部环境因素，还包括企业外部环境因素。江西省多数大型矿产资源类企业不仅在省内、国内开展业务，其跨国业务在企业的业务构成中也占有举足轻重的地位。自 2018 年以来，在贸易保护主义抬头、中美贸易摩擦升温及国内经济形势严峻的背景下，矿产资源市场对需求预期逐渐转向悲观。首先，中美爆发贸易摩擦，在未来不确定因素的影响下，国内市场环境必然会发生系列波动，并且即便出现缓和迹象，对各类能源市场的影响也不会迅速消失；其次，全球复苏的动能明显不及预期，除美国外，主要发达经济体复苏动能明显不足，中国亦承受经济下行压力，多数矿产资源需求受到抑制，市场对需求端并不看好。最后，美联储加快了加息的步伐，美元指数和美债收益率不断攀升，导致新兴市场国家资本外流，货币贬值，如阿根廷、土耳其等国家出现了不同程度的货币危机。

在这种全球市场环境背景下，江西省资源类企业的供需也必将受到影响。虽然江西省内矿产资源的储量大，许多大中型矿产资源企业也拥有比较丰富的矿山资源，但为了满足生产经营需求，多数矿产资源仍需外购，而且很多采购业务是国际化业务，资源购自国际矿业公司或大型贸易商的进口矿产原料。受全球经济形势及国际金融市场变化的影响，企业采购的矿产资源价格波动较大，且未来不确定因素也很大，为避免采购矿产资源价格波动造成的企业成本波动，江西省资源类企业就应当妥善处理好与上游原料供应商客户的关系，积极地开发优质客户并与其建立战略同盟关系，实施战略采购；利用自身的行业地位、产品竞争优势、企业形象及信誉等，取得充足且稳定的原材料供应渠道，并利用双方的战略合作关系，达成原料价格互惠互利同盟。

此外，由于受宏观环境下行的影响，下游行业需求疲软，江西省资源类企业的销售状况可能会因市场需求不足而增长乏力，甚至销售回款也会变得不确定，直接影响企业营利规模。因此，江西省资源类企业还应当处理好与处于产业链下游的矿产品或矿产原料需求商的关系，摸清自身下游价值链上的价值创造点，准确把握下游客户需求的变化，并迅速作出反应，巩固与客户的业务关系；同时，在销售模式上，可以采用针对大客户的直接销售模式，在保证产品质量、及时供货能力以及良好售后的基础上与一批大客户建立长期合作关系，降低销售环节的成本，保持企业的成本竞争优势。在下游，精深加工产品采取直销和经销相结合的方式，积极拓宽销售渠道，不断提升品牌知名度。由于江西省内的多数资源类企业的产品业务供应范围主要涵盖长三角及东南沿海地区，而江西省毗邻这些地区，具有相对优越的地理位置，因此原材料和矿产资源产品的运输半径较短，可以降低运输成本，江西省资源类企业应当充分利用自身的这种区位优势，降低产品成本，快速地响应客户需求，为客户提供质量更高、价格更低、服务更迅速的产品。另外，企业还可以与客户建立互惠互利协议，以达到双赢目的。

最后，资源类行业市场竞争加剧，我国稀土、铜、钨、锂等矿产资源行业正处在产业转型的关键时期，面临发展机遇的同时也面临严峻的挑战。多数矿产资源产业集中度还不高、中低端产能依然过剩、产业结构性矛盾依然突出，中低端产品同质化竞争进一步加剧，企业营利能力进一步分化。为了有效地应对同业竞争，江西省资源类企业应当建立起自身独特的竞争优势，从客户层面上来说，应当完备矿产资源类产品组合系列，使企业更好地满足不同客户的多层次需求，建立稳定的客户基础，增强客户的黏性；同时，也将会增加企业的抗风险能力。

第四节 江西省资源类企业基于内部业务流程创新的业绩优化分析

平衡计分卡的内部业务流程是指企业从输入各种原材料和客户需求到企业创造出对客户有价值的产品（或服务）为终点的一系列活动，主要由创新流程、经营流程和售后服务流程组成。基于此，创新内部业务流程的业绩优化分析部分，将借鉴平衡计分卡内部业务流程基于内部生产价值链的流程划分，江西省资源类企业的内部业务活动划分为管理流程、创新流程、经营流程、环保流程，后文将从这四个流程着手进行业绩优化分析。需要说明的是，在文章后续部分的论述中，我们将环保流程从内部业务流程中独立出来，并单独形成平衡计分卡的第五个维度——资源与环境维度，因此，这里不再对环保流程的业绩优化进行分析。

1. 基于管理流程创新的业绩优化分析

当前，江西省多数资源类企业生产经营方式粗放，导致资源浪费严重，整体上来讲，江西省的资源开采速度已经远远无法满足资源的消耗速度，在面临"资源诅咒"的困境下，优化利用现有资源是每个资源类企业的重要任务。资源类企业若要实现资源优化配置，就要转变旧的管理理念，全方面推行绿色、循环、低碳的生产管理理念；在"绿色可持续、循环再利用、低碳环保"的基础上，对产品和服务生产过程中消耗资源的全流程进行管理和优化。在"循环再利用"理念的指引下，依靠现代环保生产技术和污染物处理技术对矿产资源开发利用中产生的废物、废料进行无害化处理并循环使用，在减少对环境负面影响的同时，提高矿产资源的综合利用水平。

此外，江西省矿产资源企业的规模结构也不尽合理，其中小型规模企业多，大、中型规模企业数量少。矿产资源多集中在小型规模企业中，但由于这些企业的规模限制，无法形成规模化经济优势，因此企业的经济实力较弱，生产工艺、技术工艺落后，导致对环境的破坏严重。此外，在产业布局上，由于矿产资源分布得比较散，集中程度不高，除一些大型的、龙头的矿产资源企业，如江铜集团、江西煤业、章源钨业等的生产模式呈集中分布外，其他企业的生产布局还是分散状态，无法形成规模化、集约化优势，因此，在产业布局的管理上，同处于资源型或与资源型产业业务相关的企业之间可以进行大整合，实行产业聚集，提高矿产资源开发规模及集约利用水平。具体而言，规模较大的资源类企业应当一马当先，充分发挥龙头带动作用，积极进行资源整合，实现规模化的开采、集约化的经营；小型资源类企业应当从长远发展角度出发，积极进行企业重组或兼并来做大做强。

2. 基于创新流程的业绩优化分析

江西省资源类企业在发展过程中，对资源的综合利用水平偏低，造成了严重的资源和环境问题。此外，部分企业产品精深加工能力不足，导致企业无法依靠延伸产业链条获取经济效益。企业技术水平低、绿色技术创新能力不足是造成上述问题的直接原因。

①培养创新技术人才。

江西省多数资源类企业非常缺乏人力资本，而人才的缺失也限制了技术的研发开拓，进而导致企业缺乏自主创新能力，技术水平低下造成资源利用效率低、污染严重，经济效益与环境效益都达不到预期目标。因此，增加高级人才储备、强化人才培训，是其转型的必经之路。产学研相结合的模式就是技术型人才培养的好方法。江西省资源类企业应当根据自身发展的实际情况，建立并完善激励机制，实施在物质层面和精神层面的激励措施来吸引人才、留住人才。此外，江西省资源类企业可以与高校、科研院所等建立合作联盟，间接利用高校、科研院所的研发能力，弥补自身创新能力不足的缺陷。

②建立技术创新联盟，提高自主创新能力。

江西省资源类企业可以通过构建行业间、地区间的技术创新联盟的形式，使相关联行业间、技术落后地区与技术先进地区的企业共享先进的前沿信息、资源和技术创新能源，资源共享、技术共享也有助于提高整个行业的技术创新水平。我国的技术创新水平与发达国家相比差距明显，资源类企业也需要学会与国际接轨，与技术领先的企业合作，获取先进的技术，提高自身的技术创新水平。

③增强绿色技术创新能力，提升绿色竞争力。

江西省资源类企业应当在日常经营中贯彻可持续发展、绿色发展理念，通过绿色技术创新，改善资源利用程度低、生产污染重的局面，促成企业成长与生态保护协调统一发展，最终实现企业丰厚的利润回报。进行绿色技术创新，应使整个生产过程绿色化并着力开发清洁生产技术、资源转化技术和废物再利用技术。

第一，开发清洁生产技术，推进绿色发展。江西省资源类企业应当开展绿色技术创新，开发清洁生产技术或者无害、低害的新工艺，将对污染的控制放在整个生产过程之中，生产中大力降低原料和能源消耗，生产完成后尽可能少排放对环境有负面影响的污染物，以实现低消耗、高产出、低污染的生产流程。清洁生产涵盖两个方面，一是企业产品生产过程清洁，二是企业最终产品清洁。企业在生产管理中运用清洁生产技术，减少废物料排放，达到生产流程零排放或少排放的目的，清洁生产技术的应用也是最终绿色产品产出的重要保障。

第二，开发资源化技术，推进绿色发展。利用资源化技术可以将企业产品生产流程中产生的废物、废料转变为对企业有价值的原料或产品。江西省的许多资源除有用组分外，多数有色金属矿共伴生组分多，因技术条件的限制，综合利用程度相对较低，这些共伴生组分多数同废物料一起向外部环境排放，一些尚可利用的资源不仅被浪费掉了，也危及了生态环境。江西省资源类企业利用资源化技术可以使其能够对主要资源的共伴生组分加以提炼、综合利用，既可以产生更好的经济效益，又能够保障环境效益。

3. 基于经营流程创新的业绩优化分析

在面临"资源诅咒"的情形下，江西省资源类企业的发展必将会逐渐随着资源的枯竭而日益走向衰落。在这种困境下，企业只有进行转型，立足于其原有优势，开发培育新的经济增长点，充分利用金融、财政、产业等政策资金的支持，综合发展原主业、拓展相关产业，才能真正实现转型升级。

①大力发展接替型产业，改善原有产业结构。

江西省资源类企业应当在立足于自身原有优势的基础上，大力发展接替型产业，即连接型和替代型产业。所谓发展连接型产业，就是江西省资源类企业应在其原产业结构上，继续发展并延伸相关的产业工业、拓宽其产业链条，在延伸的产业链下，开发原有资源型产品的新兴产品，拓展产品的广度，以现有资源产品带动其他非资源产业的发展，改变过多地依赖于某一资源的局面。此外，还应运用新技术开展精、深加工，适当地延长产品线，拓宽企业原有产业格局；所谓发展替代型产业，就是江西省资源类企业还应关注发展与原有的主导产业不同的新产业，重新开辟新的经济增长点。江西省资源类企业应进行多元化的发展，可以开发新兴产业，或者在主业之外开拓与其主业产业链相关的现代服务业，依据企业所处地区的资源特点，开发相关产业的绿色旅游业。例如，对于江西省的一些矿产资源类企业，可以考虑开发矿业旅游业，建立一些矿山公园，这样，企业不仅增加了一个营利点，还减轻了对矿山环境的危害，从而促成企业的可持续发展以及矿业的转型升级。对于一些地热资源开发企业，可以开发温泉旅游业；对于一些地处红色旅游景区的资源类企业，可以开发相关的红色旅游业等。

②建立企业间合作平台，实现上下游产业链联合发展。

由于江西省大多数资源类企业是地方性小型规模的民营企业，中大型企业、国有企业数量很少，江西省资源类企业在规模上的分布不合理，而且也缺少高新技术型企业和生产高精尖端产品的企业。此外，这些民营资源型企业，整体创新能力不足，技术水平普遍较低，产品多为初级产品且结构单一，规模化生产水平低，产业分散，无法满足市场对于高附加值、高技术含量、高质量产品的需求。因此，在"互利共赢、共谋发展"的原则下，江西省的同类或相似类型的中小型资源类企业可以与大型国有企业、高新技术企业等建立合作平台，开展广泛的合作，共享企业管理经验、技术创新经验、工艺流程改进经验等，加深企业纵深合作水平；同时，企业之间还可以建立联盟关系或者建立产业聚集区，发挥集群优势，带动潜力型企业实现发展大跨步。

③采取多元的经济发展模式。

江西省资源类企业还应当升级原有的粗放式的经济发展方式，构建"资源—产品—废弃物—再资源化"的可持续发展方式，通过循环利用的发展方式来提升矿产资源的利用程度及利用效率。因此，江西省资源类企业应转变生产经营方式，将循环经济理念、绿色经济理念贯穿于发展和生产中。

在发展循环经济方面，应当注重资源的高效综合开发利用以及对工农业废弃物的综合再利用；在发展绿色经济方面，江西省资源类企业应当立足于其公司所处区域的优势资源产业，开发绿色、生态、环保的相关产业，比如绿色旅游业等。

第五节 江西省资源类企业基于学习与成长创新的业绩优化分析

平衡计分卡理论从企业财务、客户和内部业务流程层面揭示了企业的实际发展状况，并指出企业当前发展能力不足以及企业带来突破性绩效的原因，并揭示二者之间的差距，而平衡计分卡的学习与成长层面揭示了企业未来确立领先地位的关键因素，可以弥补前述差距。该层面要求企业必须投资于员工技术的再造、组织程序和日常工作的理顺。面对激烈的全球竞争，江西省资源类企业如今的技术和能力已无法确保其实现未来增长的业务目标。尽管削减企业在学习和成长能力方面的投入，能使企业在短期内增加财务收入，但也由此丧失了生产技术、员工素质等方面全面提升的机会。因此，注重企业学习与成长方面的开展与创新，是江西省资源类企业培育长久发展潜能的不竭动力。

当下，江西省资源类企业处于组织整体转型时期，战略转型需要思想先行。企业创新组织文化，有助于祛除阻碍企业发展的僵化的文化理念，从企业整体的管理观念上实现企业经营管理的全流程创新。员工作为企业组织构成因素的重要单元，员工的业务能力对于企业的发展而言也至关重要，企业在培育创新文化的同时，还应当注重对员工能力的培养，以及员工满意度、员工保持率等方面的建设。

1. 营造创新型的企业文化

新时期，江西省资源类企业面临着资源枯竭和环境污染的双重挑战。在这种发展环境下，企业若不进行转型升级，必定会被市场淘汰。企业多数员工也能清楚地认识到企业所面临的紧迫形势，认识到企业必须进行战略转型，但是在行动中大部分员工依旧遵循老的思想观念，遵循旧的管理模式、工作方式，员工思想上与行动上严重不统一，存在较大差距。若要解决这种差距，企业就要解决观念与行动上的不匹配问题。

江西省资源类企业要实施战略转型，就需要有相适应的企业文化来配套，而创新型的企业文化可以凝聚与激励人心，进而吸引与留住大批创新型人才，使这些人才的专场技能能够在企业中得到发挥。建设创新型的企业文化，需要关注以下方面：

第一，提升企业家素质，培育企业文化建设人才。企业家只有不断提高和完善自身素质，深刻理解企业文化建设的重要性，不断更新经营理念、管理观念，从思想意识出发，与企业的发展宗旨相结合，才能真正成为企业文化建设的身体力行者、推广者。

第二，制定动态的企业文化建设规划。企业文化的培育与建设不是一朝一夕的事情，需要长时间的努力。培育和建设自身的企业文化，首先需要明晰企业未来的发展道路，在确立的未来发展目标的指引之下，制定适合企业未来发展道路的具有动态性质的建设企业文化规划，同时，还应当将文化建设与人才激励机制统一起来，结合企业发展方向，不断完善企业的文化建设体系。

第三，提高建设创新型文化水平。创新型文化，就是企业与时俱进、不断革新、不断注入时代发展内涵的文化。企业应当积极营造创新文化氛围，科学地吸收和借鉴国外先进企业文化的建设经验，同时，要充分重视国内优秀传统文化的继承。企业文化建设要适时而变，不断调整、不断创新，从而不断给企业文化注入新的时代内涵。

第四，提高员工参与度。一个企业优秀组织文化的形成需要全体员工的共同努力。企业管理层应当积极推动企业文化建设工作，企业员工也要积极参与、各抒己见，为组织文化建设出谋划策。企业管理层应采取措施，充分调动员工参与到企业文化建设工作中，让其成为文化建设的主导力量，才能真正使员工认同和接受企业文化，进而员工对企业的忠诚度也会提高，企业文化才会更具活力。

2. 完善人才政策

江西省资源类企业目前面临着创新科技型人才的缺乏，为了解决人才匮乏的问题，江西省资源类企业可以从以下途径入手来不断壮大员工队伍的建设，加强人才的培养力度。

第一，完善产业人才培育机制。江西省资源类企业可以与高校、科研院所等开展在人才培养项目方面的合作，培养和储备能源产业领域的高端人才，建立人才培训基地，利用高校园、科研院所的人才实力，培养企业的能源产业人才。建立企业与学校的联合培养机制，锻炼能源产业人才理论与实务的结合能力。建立企业与科研院所的合作机制，利用国家自然科学基金等科研项目，通过合作研究，进行人才交流与培养。

第二，加大高级人才的引进力度。江西省资源类企业应当结合自身产业发展所需的专业人才，进行高级人才的针对性引入，不仅要引入理论性专业技术人才，如教授、学者；同时，也要引进实务型专业技术人才，比如能源产业企业家、业内专家等，同时还要引进创新型人才、研发型人才等各类人才。企业可以利用自身产业优势吸引各类人才加入，从而提升企业产业的科技含量。

第三，完善人才激励机制。在调动员工工作热情和工作积极性方面，江西省资源类企业应充分发挥各类奖项的激励作用，如股权激励、现金红利激励等。另外，对于企业紧缺的高端产业人才，还应结合这类人才的实际需求额外给予优待。完善收入分配制度，将员工所劳、对企业的贡献度与其所获得的薪酬、奖励等挂钩。

■ 第六节　江西省资源类企业基于资源与环境维度创新的业绩优化分析

现阶段，江西省生态文明建设正处于深入推进期，更加重视处理好发展与保护的关系。当前，可持续发展观念已经深入人心，绿色、节能、环保的经营理念在企业的战略性地位也越来越突出，资源和环境绩效逐渐成为资源类企业进一步提升竞争力的有力手段。由于当前江西省资源类企业的可持续发展受制于资源枯竭与环境污染的双重问题，因此江西省资源类企业的可持续发展必须从资源利用和环境保护两方面着手，注重科学开发与利用资源，关注由于资源开发而造成的环境问题，将资源问题与环境问题上升到企业战略管理的高度，为企业的绿色可持续发展保驾护航。

1. 调整资源战略、实现资源循环利用

江西省资源类企业在应对资源问题上要做到两点。

首先，应当调整资源战略。企业是利益相关者的多元资本共生体。利益相关者为企业的发展注入了各类资源，如货币资源、人力资源、自然资源、环境资源、业务资源等。其中，自然资源和环境资源是江西省资源类企业发展的关键性资源。当前，江西省的优势矿产资源消耗过快，资源的增长速度远远跟不上消耗速度，矿产资源具有不可再生性，这就要求企业必须重视战略性资源管理，否则，对于转型过慢的资源类企业，其未来的发展将随着资源的枯竭而终止。江西省资源类企业应当树立资源战略意识，把对资源的管理、资源的开发、资源的利用提升到战略高度，在开发利用资源的同时，也应注意调整资源战略措施，借鉴发达国家在资源管理方面的成功经验；同时，还应拓宽资源渠道，保障企业生产所需资源的持续性供给。

其次，矿产资源应当循环利用。江西省资源类企业普遍存在资源利用效率低下的问题，在开采回采率、选矿回收率、采矿贫化率、废弃资源回收率和矿产资源综合利用率等方面水平不高。虽然江西省部分大中型矿产资源类企业上述指标基本都达标，但是小型矿产资源类企业受累于技术成本高等原因，在对资源的综合利用开发方面的投入不及大中型企业，投入不足会导致开发利用技术不到位，从而出现"三率"水平普遍偏低的现象。资源的利用现状，要求企业必须不断地加强对资源的高效利用、综合利用程度。此外，由于资源的稀缺性及不可再生性，也要求矿产资源类企业对资源的利用水平要达到最大限度的发挥，因此在资源利用方面贯彻循环理念，从对矿产资源的初始开采、加工过程到尾矿处理等环节，均应将循环利用的理念运用到整个价值创造流程中，使资源类企业节约、高效、循环利用不可再生资源。

2. 将环境管理上升到企业战略管理高度

社会发展至今，企业作为当代文明社会经济的制度支柱，其行为活动与资源环境问题的相关性越来越大。企业行为不仅影响企业自身，还会对竞争对手、社会群体、资源、环境等各方面造成影响，企业行为影响面的广泛性要求企业应当积极履行社会责任。随着环境保护在我国的重视程度越来越高，相关法律法规、环保制度的频频出台，也迫使企业转变经营方式，注重自身经营活动对社会造成的环境问题。在可持续发展理念之中，强调企业积极主动地承担环境责任。企业（尤其是高耗能、高污染的资源依赖型企业）应当主动实施环境管理战略，将环境保护纳入企业战略管理体系中。

江西省资源类企业（尤其是矿产资源型企业）的生产经营活动具有很强的负外部效应，也造成了不同程度的环境问题。江西省的大型资源类企业（如江铜集团、章源钨业、方大特钢、新钢股份等）环境污染事件频发，给环境造成危害的同时，也危及了社区群众的身体健康。企业可能因为减少污染防治投入而短期获利，如污染防治成本、环保投入的减少使企业总成本减少而短暂获利，但是长期而言，企业忽视环保投入而损失的机会成本却很大，如企业形象受损、企业信用问题、员工旧观念导致的生产效率问题、资源利用低增加的资源成本问题、污染物对企业自身的损害、违反国家环保规制的成本等风险。这些风险对企业的长久发展将造成不利影响。

因此，江西省资源类企业应当积极主动地参与环境保护，将环境管理纳入战略管理体系之中，从企业战略高度重视企业行为与环境问题的关系，注重企业生产经营的各环节、各流程活动是否会对环境造成影响并及时制定契合公司战略目标的环保策略。另外，在环境管理方面，强调企业参与环境治理的主动性。主动参与不仅提高了企业环保意识、环保主动性，保护了生态环境，实现了生态可持续发展；同时，也使企业减少了环保机会成本，在增加了企业社会信誉的同时提升了企业形象，也提高了企业获得社会资本的机会，使企业获得了长期竞争优势，在某种程度上实现了企业的可持续发展，最终实现经济、社会和环境效益的统一。

参 考 文 献

［1］廖昭文. 资源型企业转型升级动力研究 ［D］. 贵阳：贵州大学，2015.

［2］黄小年，刘川，朱合胤. 江西省矿产资源供需形势分析及对策建议 ［J］. 中国国土资源经济，2018，31 (3)：44-48.

［3］吴俊麟. 江西矿山环境保护对策研究 ［D］. 南昌：南昌大学，2016.

［4］潘亮. 江西铜产业的发展战略研究 ［D］. 南昌：南昌大学，2014.

［5］甘成久. 江西铜业集团公司发展战略的若干问题研究 ［D］. 南昌：南昌大学，2007.

［6］刘红. 新形势下江西稀土企业发展战略研究 ［D］. 南昌：南昌大学，2012.

［7］何玉琪. 我国金属采矿业面临的问题及未来发展方向 ［J］. 科技视界，2013 (20)：167＋179.

［8］姜佳欣，周霞. 基于杜邦分析法的黑色产业企业盈利能力分析 ［J］. 中国乡镇企业会计，2016 (9)：101-102.

［9］张文琪，涂宇翔，王烨. 基于杜邦分析法的武汉钢铁股份有限公司盈利能力分析 ［J］. 滁州学院学报，2015，17 (1)：40-42.

［10］鲁叶楠. 应用财务指标法的企业财务分析——以 T 公司为例 ［J］. 智库时代，2019 (22)：292-293.

［11］吕婧怡，郭晓顺. 基于财务指标法的纵向并购协同效应研究——以乐视网并购案为例 ［J］. 当代经济，2016 (35)：8-10.

［12］何晶，马允. 沃尔评分法在证券公司的实际应用 ［J］. 中国商论，2018 (8)：43-45.

［13］Pimsiri Chiwamit，Sven Modell，Chun Lei Yang. The societal relevance of management accounting innovations：economic value added and institutional work in the fields of Chinese and Thai stateowned enterprises ［J］. Accounting and Business Research，2014，44 (2)：144-180.

［14］ Ravi B Kashinath；B．M．Kanahalli．DOES EVA DRIVE MVA IN INDIAN PUBLIC SECTOR BANKS? - A STUDY［J］．Golden Research Thoughts．2015，Vol. 4（No. 9）：1-6.

［15］ 文福海．基于 EVA 的 JP 公司绩效评价研究［D］．西安：西安石油大学，2019.

［16］ 庄爱华．新会计准则下 EVA 会计调整浅析［J］．中国乡镇企业会计，2010（11）：62-63.

［17］ 郑洋．矿山企业 EVA 核算方法与 EVA 分成率分配办法研究［D］．昆明：昆明理工大学，2011.

［18］ 陶岚．重污染企业环境绩效评价体系构建［J］．财会通讯，2015（28）：10-13.

［19］ 杨霞，王乐娟．环境绩效与财务绩效关系区域比较研究——来自重污染行业上市公司的实证数据［J］．人文地理，2016，31（5）：155-160.

［20］ 武剑锋，叶陈刚，刘猛．环境绩效、政治关联与环境信息披露——来自沪市 A 股重污染行业的经验证据［J］．山西财经大学学报，2015，37（7）：99-110.

［21］ 王卉子．企业环境绩效评价指标体系设计——基于五大行业的数据分析［J］．特区经济，2017（12）：129-130.

［22］ 梁言，李辰颖．基于平衡计分卡的环境绩效评价研究［J］．会计师，2018（21）：3-4.

［23］ 马刚，赵蕊，李妮妮．煤炭企业环境治理绩效评价研究［J］．煤炭经济研究，2019，39（7）：51-55.

［24］ 赵晓鸥．A 石油公司环境绩效评价研究［D］．石家庄：河北经贸大学，2019.

［25］ 赵蕊．煤炭企业环境治理绩效评价研究［D］．北京：中国矿业大学，2019.

［26］ 杨丽青．煤炭企业环境绩效评价研究［D］．石家庄：河北地质大学，2018.

［27］ 李素雯．企业创新能力对于企业绩效的实证分析［J］．财会学习，2019（18）：185-187＋191.

[28] 柳佳. 公司治理、高管变更与企业技术创新关系的实证研究 [D]. 保定：河北大学，2019.

[29] 丁晓含. 跨境并购动因与企业创新绩效的实证研究 [D]. 济南：山东大学，2019.

[30] 王克福. 浅析企业文化创新对企业管理创新的影响 [J]. 成功营销，2018（12）：105-106.

[31] 梁洁. 企业文化、技术创新能力和企业绩效的相关性研究 [D]. 上海：华东师范大学，2018.

[32] 陈波. 海宁市中小企业管理创新能力评价研究 [D]. 杭州：浙江工业大学，2017.

[33] 高辉. 中国情境下的制度环境与企业创新绩效关系研究 [D]. 长春：吉林大学，2017.

[34] 李月. 中国金融发展与经济增长的关系研究 [D]. 长春：吉林大学，2014.

[35] 付腾. 我国科技型中小企业创新能力评价指标体系研究 [D]. 武汉：湖北大学，2014.

[36] 安东. 企业生命周期视角下技术创新能力与经营业绩的关系研究 [D]. 重庆：重庆理工大学，2014.

[37] 周桂英. 东北地区产业创新能力及其评价研究 [D]. 长春：东北师范大学，2013.

[38] 张林. 创新型企业绩效评价研究 [D]. 武汉：武汉理工大学，2012.

[39] 陈维亚. 变革型领导对企业创新能力影响之研究 [D]. 上海：东华大学，2011.

[40] 于旭. 吉林省国有企业制度创新研究 [D]. 长春：吉林大学，2008.

[41] 温素彬，方苑. 企业社会责任与财务绩效关系的实证研究——利益相关者视角的面板数据分析 [J]. 中国工业经济，2008（10）：150-160.

[42] 徐英吉. 基于技术创新与制度创新协同的企业持续成长研究 [D]. 济南：山东大学，2008.

[43] 杨月坤. 企业文化创新——企业创新的动力之源 [J]. 工业技术经济，2007（12）：31-33.

［44］武大勇．计量经济学中的面板数据模型分析［D］．武汉：华中科技大学，2006．

［45］罗伯特·卡普兰，戴维·诺顿著．刘俊勇，孙薇译．平衡计分卡：化战略为行动［M］．广州：广东经济出版社，2004：6，119．

［46］杜胜利．平衡计分卡理论的发展演进［J］．经济导刊，2007（12）：56-57．

［47］刘俊勇，孙薇．战略地图——平衡计分卡的持续之旅［J］．新理财，2005（4）：32-51．

［48］厉杰．平衡计分卡理论研究综述［J］．人力资源管理，2013（10）：71-73．

［49］彭韧．与利润保持适度距离——万科的平衡计分卡实践［J］．21世纪商业评论，2005（3）：42-43．

［50］杨超超．论万科公司平衡计分卡的应用［J］．现代商贸工业，2011，23（17）：35-36．

［51］孙磊．平衡计分卡：青啤成功转型背后的管理利器［J］．现代企业教育（21）：38-39．

［52］陈玉媛．如何设计基于平衡计分卡的战略评价体系［A］．中国会计师学会管理会计与应用专业委员会．管理会计与改革开放30年研讨会暨余绪缨教授诞辰86周年纪念会论文集［C］．中国会计师学会管理会计与应用专业委员会，2008：8．

［53］杨慧珊．基于财务报表的上市公司财务质量评价研究［D］．天津：天津科技大学，2012．

［54］魏秀忠，王丹，张孟怀．试析平衡计分卡在新奥集团的具体运用——从战略到绩效的完整循环［J］．中国总会计师，2009（6）：134-135．

［55］陈子悦．平衡计分卡应用案例分析——作为战略工具的应用［J］．中国市场，2010（40）：142-143．

［56］林文华．基于平衡计分卡的华北油田"四好"班子考核评价研究［D］．天津：天津大学，2008．

［57］方晶，苏瑞．企业如何运用平衡计分卡进行绩效管理［J］．人力资源管理，2012（8）：172-173．

[58] 周材荣. 华北油田战略执行力提升研究 [D]. 青岛：中国石油大学（华东），2014.

[59] 宝利嘉顾问. 战略执行：平衡计分卡的设计与实践 [M]. 北京：中国社会科学出版社，2003.

[60] 李艳华，刘红颖. 平衡计分卡领跑绩效管理 [J]. 中国计算机用户，2004（13）：54.

[61] 刘丰收. 平衡计分卡在企业绩效管理中的应用 [D]. 北京：首都经济贸易大学，2004.

[62] 李晓春. 埃克森美孚的战略管理 [J]. 中国石化，2006（7）：52-54.

[63] 钱宇宁. 埃克森美孚——不断成长的巨人 [J]. 交通世界（建养.机械），2007（10）：60-65.

[64] 张建，刘晓. 埃克森美孚：战略管理 成就伟业 [J]. 中国石油企业，2010（9）：50-51.

[65] 张梦頔，王会良. 美孚石油公司平衡计分卡管理实践与借鉴 [J]. 国际石油经济，2014，22（7）：48-53.

[66] 于跃. 美孚石油：利用 BSC 扭转颓势 [J]. 新理财，2016（7）：82-83.

[67] 李梅花. 对平衡计分卡与企业战略性业绩评价的研究 [J]. 现代商业，2013（36）：129.

[68] 万贺欣，任会卓. 平衡计分卡在企业绩效评价中的应用 [J]. 现代商业，2014（29）：128-129.

[69] 孙学枫. A 企业绩效考评体系优化研究 [D]. 天津：天津大学，2017.

[70] 冯丽娜. 江西矿产资源供应链的绩效评价研究 [J]. 科技广场，2010（2）：71-73.

[71] 雷芳，邱卫林. 江西省资源型生产企业成本控制优化研究 [J]. 老区建设，2014（8）：14-15.

[72] 李小豹. 萍乡资源型城市转型升级的三种模式 [N]. 中国经济导报，2018-12-06（002）.

[73] 董延涛，吴欣，那春光，等. 江西省矿业绿色高质量发展探讨 [J]. 中国矿业，2019，28（5）：82-86.

[74] 杨眉. 资源型企业技术创新研究 [J]. 山西财经大学学报，2011，33

(S3)：143.

[75] 张航伟. 关于资源型企业可持续发展的思考 [J]. 中国石油和化工经济分析，2013 (11)：62-63.

[76] 王旭，秦书生，王宽. 企业绿色技术创新驱动绿色发展探析 [J]. 技术经济与管理研究，2014 (8)：26-29.

[77] 姜玉波. 青海省资源型企业人力资源开发模式研究 [J]. 开发研究，2010 (4)：144-146.

[78] 王健. 浅谈企业创新型人才的选拔、培养与激励 [J]. 职业，2013 (23)：181-183.

[79] 彭丽华，罗东，李淑娴，等. 浅析科技企业创新型人才管理机制及改进策略 [J]. 科技管理研究，2018，38 (15)：189-193.

[80] 刘萍. 江西协同创新机制建立对策研究 [J]. 科技广场，2013 (11)：123-126.

[81] 李烨，陈劲，彭璐，等. 国有大型煤炭企业产业转型与持续发展研究——来自萍乡矿业集团的实践与启示 [J]. 管理案例研究与评论，2011，4 (1)：38-46.

[82] 季凯文，韩迟. 产业集群发展模式及提升途径分析——以江西省为例 [J]. 江西科学，2015，33 (3)：419-424.

[83] 尹科，严平，汤明，等. 基于产业生态化视角的江西矿产资源产业链模式研究 [J]. 九江学院学报（自然科学版），2016，31 (3)：9-12.

[84] 王磊，陈嬿娉，胡玉军，等. 江西鹰潭现代化铜产业发展战略研究 [J]. 质量探索，2017，14 (4)：88-94.

[85] 张帆，张维. 矿产资源产业优化升级的实现机制研究——以江西省为例 [J]. 辽宁经济，2017 (1)：56-58.

[86] 郑先坤，朱易春，连军锋，等. 新常态下江西省绿色矿山建设供给侧改革发展策略研究 [J]. 中国人口·资源与环境，2018，28 (S2)：82-86.